国际碳中和政策行动及其关注的科技问题

中国科学院文献情报中心

科学出版社

北京

内 容 简 介

实现碳达峰、碳中和是一场广泛而深刻的经济社会系统性变革,科技创新是实现碳中和的核心驱动力,依靠科技创新推动技术变革来实现碳中和目标已成为世界主要国家和国际组织的共识。世界主要发达国家、地区及国际组织聚焦碳中和相关的重要科技问题,正在加快部署相关的规划、政策和行动。本书重点对 2020 年以来全球碳中和科技政策与行动及其关注的关键科技问题进行了较为全面和深入的梳理,内容包括能源清洁低碳利用,新型电力系统,工业过程低碳化,碳捕集、利用与封存(CCUS),生态增汇固碳和低碳社会转型六个方面。

本书可供气候变化、低碳科技及碳达峰、碳中和工作领域的科学研究、技术开发、政府管理及相关行业的专业人员参考。

图书在版编目(CIP)数据

国际碳中和政策行动及其关注的科技问题／中国科学院文献情报中心主编. —北京:科学出版社,2022.4

ISBN 978-7-03-071162-5

Ⅰ.①国… Ⅱ.①中… Ⅲ.①二氧化碳–排污交易–研究–世界 Ⅳ.①X511

中国版本图书馆 CIP 数据核字(2021)第 262176 号

责任编辑:张 菊／责任校对:樊雅琼
责任印制:吴兆东／封面设计:无极书装

科 学 出 版 社 出版
北京东黄城根北街 16 号
邮政编码:100717
http://www.sciencep.com

北京中石油彩色印刷有限责任公司 印刷
科学出版社发行 各地新华书店经销

*

2022 年 4 月第 一 版 开本:720×1000 1/16
2022 年 8 月第二次印刷 印张:8 1/2
字数:200 000
定价:108.00 元
(如有印装质量问题,我社负责调换)

《国际碳中和政策行动及其关注的科技问题》
编撰人员

主　编：刘细文　曲建升

副主编：陈　伟　曾静静　孙玉玲　陈　方　张　辰

成　员：(按姓名拼音排序)

董利苹　郭楷模　李　扬　李岚春　李娜娜

廖　琴　陆　颖　裴惠娟　彭　皓　秦阿宁

汤　匀　滕　飞　魏艳红　吴晓燕　吴秀平

徐英祺　岳　芳

前　言

全球目前已有超过 145 个国家响应联合国的倡议，制定了到 21 世纪中叶实现碳中和（或称为"碳净零排放"）的目标，并相继推出绿色发展政策，积极布局低碳经济，并制定有效措施开展国际气候合作。碳中和目标下的经济社会低碳或是零碳转型已成为全球趋势。

从国际角度来看，世界各国正积极布局低碳经济，这将直接影响未来国际政治经济局势和走向。全球碳中和进程伴随着国际产业格局和科技格局的全面重塑，这将不断为中国带来全新的发展机遇与合作机遇。过去数年中国所开展的减排工作已取得了较为显著的成效，2020 年，中国碳排放强度（单位 GDP 产生的二氧化碳排放量）比 2005 年降低 48.4%。自碳中和目标提出后，中国的低碳减排进程迎来决定性的历史转折点，将从产业到部门、从国家到省市重新探索更为安全可靠的方案和路径，挖掘产业升级与绿色转型的潜在机遇，最终进入可持续的高质量稳定发展阶段。

实现碳达峰、碳中和是一场广泛而深刻的经济社会系统性变革。当前我国的产业和经济社会的运行还主要依托以煤炭为基础的能源体系，未来的 40 年如何实现从碳排放全球最高向零碳转变，科技、经济、社会如何转型，这是我们面临的全新挑战。

在实现碳中和的进程中，科技的推拉作用将得到充分体现，即谁在科学技术上走在前面，谁将在未来国际竞争中取得优势。科技创新是实现碳中和的核心驱动力，依靠科技创新推动绿色技术变革来实现碳中和目标已成为主要发达国家和组织的共识。对我国的碳中和科技工作而言，迫切需要从"引进、吸收、再创新"的传统创新模式向原始创新、颠覆性创新转变。

　　为支撑我国"双碳"（碳达峰、碳中和）科技战略布局，由中国科学院文献情报中心体系各单位联合组建的"双碳"情报团队启动了"双碳"情报动态监测，重点聚焦全球碳达峰、碳中和行动方案、政策与科技发展路线，开展系统性的评述、比较与研判；聚焦各个重点领域的科技需求和瓶颈问题，开展深入、客观的评估分析；聚焦信息技术牵引的智能环境、零碳能源支持的社会动力系统、绿色理念驱动的社会治理体系等未来趋势，开展零碳社会及其发展情景的集成分析。

　　本书重点对 2020 年以来全球碳中和科技政策与行动及关注的关键科技问题进行了较为全面和深入的梳理，内容包括能源清洁低碳利用，新型电力系统，工业过程低碳化，碳捕集、利用与封存（CCUS），生态增汇固碳和低碳社会转型六个方面。刘细文、曲建升负责总体设计、策划、组织和统稿。第 1 章由曲建升、陈伟、曾静静、孙玉玲、陈方、张辰完成；第 2 章由陈伟、李岚春、郭楷模、岳芳、汤匀、吴晓燕、徐英祺完成；第 3 章由陈伟、李岚春、郭楷模、岳芳、汤匀完成；第 4 章由孙玉玲、滕飞、秦阿宁完成；第 5 章由陈伟、李娜娜、秦阿宁、郭楷模完成；第 6 章由曾静静、裴惠娟、吴秀平、董利苹、魏艳红完成；第 7 章由曲建升、廖琴完成；陆颖、李扬、彭皓等参与了本书的框架设计研讨等工作。

　　本书的撰写工作得到了中国科学院发展规划局的指导和支持，中国科学院文献情报中心、中国科学院武汉文献情报中心、中国科学院西北生态环境资源研究院文献情报中心、中国科学院成都文献情报中心相关领导、专家及团队亦提供了大量支持，在此一并致谢！

　　碳中和工作本身是一项巨大的科技工程，且涉及系列重大的跨学科问题，加之编撰团队水平所限，书中难免挂一漏万存在不足之处，敬请读者批评指正。

中国科学院文献情报中心"双碳"情报团队

2021 年 11 月

目 录

前言

第1章 绪论 …………………………………………………… 1

    1.1 能源清洁低碳利用 ……………………………………… 1

    1.2 新型电力系统 …………………………………………… 3

    1.3 工业过程低碳化 ………………………………………… 5

    1.4 碳捕集、利用与封存 …………………………………… 7

    1.5 生态增汇固碳 …………………………………………… 8

    1.6 低碳社会转型 …………………………………………… 10

第2章 能源清洁低碳利用的政策行动及科技问题 ………… 12

    2.1 国际政策行动 …………………………………………… 12

    2.2 重大科技与工程问题 …………………………………… 23

第3章 新型电力系统的政策行动及科技问题 ……………… 27

    3.1 国际政策行动 …………………………………………… 27

    3.2 重大科技与工程问题 …………………………………… 30

第4章 工业过程低碳化的政策行动及科技问题 …………… 32

    4.1 国际政策行动 …………………………………………… 32

    4.2 重大科技与工程问题 …………………………………… 49

第5章 碳捕集、利用与封存的政策行动及科技问题 ……… 55

    5.1 国际政策行动 …………………………………………… 55

    5.2 重大科技与工程问题 …………………………………… 59

第6章 生态增汇固碳的政策行动及科技问题 ……………… 61

    6.1 国际政策行动 …………………………………………… 61

    6.2   重大科技与工程问题 ·· 65

第 7 章   低碳社会转型的政策行动及科技问题 ·············· 67

    7.1   国际政策行动 ·· 67

    7.2   重大科技与工程问题 ·· 72

参考文献 ··· 74

附录   国际碳中和政策行动及其关注的科技问题汇总 ·············· 95

第1章 | 绪 论

全球范围内的碳中和行动正加速经济社会向零碳社会的转型进程。在这一转型过程中，能源、电力、工业、环境和基础设施等相关的技术体系与社会运行保障体系也将迎来重大变革。世界主要发达国家、地区及国际组织聚焦碳中和相关的重要科技问题，正在加快部署相关的规划、政策和行动。

1.1 能源清洁低碳利用

1.1.1 国际政策行动

美国能源部 2020 年发布的《化石能源路线图》提出未来 10 年开发高效低碳燃煤发电（包括碳捕集）、煤基原料/废物生产稀土氧化物等高价值产品、化石能源智能基础设施等技术。2020 年拜登团队在竞选演讲中提出《清洁能源革命和环境正义计划》，扩大可再生能源等清洁能源利用，加快电力部门脱碳进程，确保电力部门在 2035 年实现碳净零排放。美国将核能作为国家战略能源技术，出台多项相关战略与计划以推动核能技术研发。美国还致力于打造氢经济，2020 年发布《氢能计划发展规划》，明确未来 10 年将在制氢、输运氢、储氢、氢转化和终端应用等领域开展研发活动；2021 年推出氢能攻关计划，提出到 2030 年使清洁氢成本降低 80%，以加速氢能技术创新并刺激清洁氢能需求。

欧盟 2020 年公布《海上可再生能源战略》，提出到 2050 年需要投资近 8000 亿欧元大力发展海上风电、海洋能等，助力欧盟实现碳中和目标；并在同年推出《欧洲氢能战略》，计划分三步实现 2050 年可再生能源制氢技术的大规模部署。

德国 2020 年 6 月发布《国家氢能战略》，强调实施"应用创新实验室"创新资助形式，支持基于氢能的综合能源网络研究，构建未来融合高比例可再生能源的清洁能源系统。

日本 2020 年发布《2050 碳中和绿色增长战略》提出最大限度部署可再生能源，推动电力部门深度脱碳，到 2050 年可再生能源发电量占比达 50% ~ 60%；其中还特别指出了利用国际合作推进快堆研发，示范小型模块化反应堆技术，加速推进"常阳"堆重启相关的准备，计划到 2030 年建立高温气冷堆制氢相关基础技术。

国际原子能机构 2021 年 8 月发布《小堆部署技术路线图》，向成员方展示了小型模块化反应堆技术的部署路线、部署前景和面临的障碍等内容。

英国将核能利用视为脱碳道路上的关键一环，2021 年 2 月推出《氢能路线图》，对大型反应堆和小型模块堆生产清洁氢的途径进行了概述，指出核能和可再生能源将成为英国未来生产绿色氢的主要能源，明确了核能制氢的愿景目标、途径及促进核能制氢部署的政策建议。

俄罗斯积极推动先进核裂变能系统开发，保障国家能源安全。俄罗斯能源部 2020 年 6 月发布《俄罗斯 2035 年前能源战略》，计划实现快堆核燃料闭式循环以降低对自然环境的损害，并于 2035 年实现核能发电量增加 270 亿 ~ 450 亿 kW·h，较 2018 年增长 11% ~ 20%。

1.1.2 关键科技问题

实现化石能源清洁高效转化利用：重点研究含能化学键的有效活化、结构再造与能量存储新路线等关键科学问题，发展新型热力循环与高效热功转换系统、碳基能源高效催化转化、多点源污染物一体化控制等清洁低碳技术，推进化石能源利用重心由碳基燃料向碳基材料转变，实现碳基能源资源高附加值利用。

构建高比例可再生能源系统：突破可再生能源高效、低成本、规模化开发利用的关键科学问题，重点研发太阳能高效低成本光电光热转化、深海高空风电高效转化、生物质高效转化利用、多能互补与供需互动、灵活友好并网等关键核心技术，促进高比例可再生能源电力消纳与多能源载体综合利用，大幅增加可再生能源在能源生产和消费中的比例，支撑可再生能源在碳中和时代成为主体能源。

发展安全、高效、经济、可持续的先进核能系统：近中期攻克先进核裂变能燃料循环、裂变燃料增殖与嬗变及核能多用途利用等问题。瞄准长远持续推进聚变堆实验与示范，攻关磁约束聚变和惯性约束聚变核物理基础科学与关键技术问题，到 21 世纪中叶实现聚变商用，充分发挥核能的战略性能源作用。

推动氢和氨等新能源化学体系的建立：加快发展低碳高效的绿氢（利用可再生能源电解制氢）/氨制备、储运及利用技术，开发不同场景下基于氢/氨的新型系统概念，以氢/氨作为关键能源载体实现多种能源资源的灵活互补，并通过转化为电/热/气或作为替代原料促进多个难减排工业部门的脱碳。

1.2　新型电力系统

1.2.1　国际政策行动

美国能源部 2020 年和 2021 年相继启动"储能大挑战计划"和"长时储能攻关计划"，发布《国家锂电蓝图 2021—2030》，旨在打造美国本土的锂电池制造价值链，在未来 10 年内将电网规模、长时储能成本降低 90%，并依托西北太平洋国家实验室（PNNL）建立国家级电力储能研发中心。2021 年发布《综合能源系统：协同研究机遇》报告，提出构建燃煤发电复合能源系统、聚光太阳能多能流系统、核能-可再生能源等多能流综合能源系统。

欧盟 2017～2019 年陆续建立了欧洲电池产业联盟、"电池欧洲"技术创新平台、"电池 2030+"联合研究计划、电池战略研究议程，推进电池相关技术的研发工作，加速建立具有全球竞争力的欧洲电池产业。此外，欧盟自 2018 年以来发布一系列短、中、长期研发规划，推动发展高度融合可再生能源、深度电气化、广泛数字化、完全碳中和的泛欧综合能源系统。欧盟 2021 年正式启动"能源部门数字化行动计划"，以加速在能源供应、基础设施和消费部门实施数字解决方案与现代能源系统集成。

英国 2021 年发布智能系统与灵活性计划、能源数字化战略，提出智能和灵活的能源系统愿景，将低碳电力、热力和运输整合到能源系统中，为能源安全和向碳净零排放过渡奠定基础；提出利用数字化优化能源系统中的低碳技术（包括太阳能光伏、电动汽车和热泵），促进新的消费者服务，降低能源系统脱碳的成本。

1.2.2 关键科技问题

新型低成本规模化储能：开发超越传统体系的储能新材料与新系统，研究电/热/机械能与化学能之间相互转化的规律，重点推进大规模长寿命物理储能技术应用，发展新型电化学能量储存与转化机制以变革锂离子电池为代表的储能体系，实现长寿命、低成本、高能量密度、高安全和易回收的新型储能技术广泛应用。

多能融合智慧能源系统：攻克能源生产、输配、存储、消费等环节的多能耦合和优化互补核心科技问题，并深度融合新一代信息技术形成智慧能源新产业，保障能源利用与生态文明同步协调发展。

1.3　工业过程低碳化

1.3.1　国际政策行动

美国 2021 年 2 月成立新的气候创新工作组，无碳热量和工业过程成为该工作组的议程重点之一。同时，美国能源部通过 Advanced Research Projects Agency-Energy（ARPA-E）变革性能源技术解决方案资助提高工业效率并实现减排的材料技术，如热回收技术及相关设备、节能高效的先进制造等。5 月，美国能源部 2022 财年预算提出工业部门脱碳资助重点是支持依靠氢等可再生能源和燃料为工业过程提供动力的方法及碳捕集、利用与封存（carbon capture, utilizes and storage, CCUS）技术。

英国 2020 年以来陆续发布《绿色工业革命十点计划》《工业脱碳战略》《国家氢能战略》等涉及工业碳减排的重要战略，提出部署低成本技术、提高能源和资源效率及加快低碳技术创新是实现工业结构转变的关键。聚焦工业低碳燃料替代、CCUS 及产业集群中规模化综合部署零碳解决方案等，并通过净零创新组合投资、"工业能源转型基金"、"工业战略转型基金"及工业燃料转换竞赛等多种基金和项目形式推动工业低碳技术创新与示范。

欧盟 2019 年 12 月发布《欧洲绿色协议》，提出在 2030 年之前在关键工业部门开发突破性技术的首批商业应用，包括氢及其他替代燃料、工业 CCUS。2020 年 3 月，欧盟《新工业战略》中提出发展工业数字技术以提高工业效率，包括数字孪生、机器人、增材制造等，并向循环经济模式过渡大幅提高工业能源和资源利用效率。欧洲过程工业协会 2021 年 10 月发布《战略研究与创新议程》，重点探索钢铁和有色金属行业生物煤与氢气替代煤炭、氢还原炼铁及基于熔融还原炼铁技术结合碳捕集与封存（carbon capture and storage，CCS）等减排技术；水泥行业重点发展替代燃料、水泥窑的电加热技术，以及开发新的熟料替代材料，远期开发电化学技术应用。

日本 2020 年以来陆续发布《革新环境技术创新战略》《2050 碳中和绿色增长战略》，提出工业领域重点发展电气化、氢燃料、氢还原炼钢、金属塑料等循环利用、CO_2 循环利用等技术；提出氢还原炼钢到 2030～2040 年实现技术成熟，2040 年开始部署。

1.3.2 关键科技问题

工业燃料/原料低（零）碳化：重点研发电气化、氢、生物质或废物等低碳、零碳替代燃料工业规模化应用涉及的设备、转换、运输和储存等整套解决方案，开发和测试工业氢容器（如氢锅炉或熔炉）及工业电器（如电锅炉、窑炉等）。研究推动氢和氨在钢铁、化工行业的原料替代。

提高能源资源利用效率：重点推进利用数字技术增强材料开发和产品设计，优化制造工艺流程及管理。例如，高性能计算、增材制造；提高工业的余热回收和再利用；开发金属高效回收技术（如电弧炉回收废钢）；加强资源的全生命周期管理与利用。

绿色冶金工业过程工程：可持续、环境友好的金属精炼和冶炼的创新工艺开发，如湿法冶金、生物冶金及其颠覆性工艺流程再造；研发基于氢气和绿色电力的钢铁生产工艺；推进"直接还原-电炉"短流程新冶金技术体系，深度融合 CO_2 低成本捕集、合成化学品等减排技术的钢化联产工艺。

可持续绿色化工材料与工艺过程：突破新的分子炼油与分子转化平台技术，推进化工转化以油品为主向高附加值的化学品、材料转型。研发适应零排放电力的新化工设备、新型高效催化剂系统和分离技术；

研究可再生能源/氢与重要化工和化学品生产过程的深度耦合途径，发展全流程可再生能源驱动合成甲醇、氨、烯烃及芳烃等平台化合物，促进高效转化利用非化石资源等可再生碳资源（CO_2 和生物质）。

1.4　碳捕集、利用与封存

1.4.1　国际政策行动

美国部署了大量资助项目支持 CCUS 技术的研发。2019 年 12 月，美国国家石油委员会（NPC）提出了在 25 年内实现大规模部署 CCUS 技术的发展路线，以及未来 10 年的研发资助建议。美国能源部制定了"碳捕集、利用与封存研发与示范计划"。2020 年 4 月，美国宣布资助 1.31 亿美元研发高性能、低成本的工业碳源捕集技术。2021 年 4 月，美国能源部宣布投入 7500 万美元推进天然气发电和工业部门变革性碳捕集研发。

欧盟 2021 年 6 月通过了"地平线欧洲"（Horizon Europe）2021～2022 年主要工作计划，提出在 2021 年和 2022 年分别提供 3200 万欧元和 5800 万欧元，用于资助将 CCUS 集成至工业枢纽或集群；通过新技术或改进技术降低碳捕集成本；通过 CCUS 进行工业脱碳；研究直接空气捕集和转化。2021 年 10 月启动 $PyroCO_2$ 创新项目，预算 4400 万欧元，为期 5 年，目标是建设和运营一个年捕集 10 000t 工业二氧化碳的设施，并将其用于生产化学品。

英国 2020 年 11 月在《绿色工业革命十点计划》中提出了 CCUS 领域的目标：到 21 世纪 20 年代中期将有 2 个 CCUS 工业集群运行，到 2030 年再增加 2 个集群。英国研究与创新署（UKRI）2021 年 3 月通过"工业脱碳挑战"计划向 9 个项目投入 1.71 亿英镑，旨在通过技术开发与部署，确保英国到 2030 年至少有一个工业集群实现大幅减排，并验证各项目所在地到 2040 年实现碳净零排放的可能性，以支持英国到 2050 年实现碳中和。

1.4.2　关键科技问题

CO_2 高效捕集：重点突破高性能、低成本工业碳源碳捕集系统工程化设计，用于工业过程的变革性燃烧后碳捕集的工程规模测试，高效低能耗碳捕集材料，直接空气碳捕集等分布源捕集技术，碳捕集与能源等领域系统的集成耦合，以实现 CO_2 源头低能耗捕集在碳密集型行业中大规模低成本应用。

CO_2 地质利用与封存：研究强化采油，CO_2-水-岩作用定向干预及封存性能强化，强非均质场地表征、建模及封存模拟，地质封存监测控制和环境影响预测等。

CO_2 转化、固定与耦合利用：热化学转化、电化学转化、光/光电化学转化、矿物活化、生物转化为多碳化学品和生物燃料，固、液、气三相生物过程调控。发展高效光/电解水与 CO_2 还原耦合的光/电能和化学能循环利用方法，实现碳循环利用。产业集群 CCUS 基础设施共享设计等。

1.5　生态增汇固碳

1.5.1　国际政策行动

欧盟 2021 年 7 月通过了《欧盟 2030 年森林新战略》，重申了严格保护欧盟最后的原始森林，为提高欧盟森林的数量和质量并加强其保护、恢复与复原力设定了愿景和具体行动。

英国政府 2021 年 7 月启动的 8000 万英镑绿色恢复挑战基金将为

90 个创新项目提供资助，支持 2500 个工作岗位，种植近 100 万棵树，促进自然恢复。

加拿大环境与气候变化部 2021 年 7 月宣布投资 2500 万加元，用于保护、恢复和治理大草原地区的湿地与草原。

拉丁美洲和加勒比地区 2021 年 2 月决定践行 "联合国生态系统恢复十年" 行动计划，以促进未来 10 年陆地、海洋和沿海生态系统的恢复。

澳大利亚政府 2021 年 4 月宣布提供 1 亿澳元的投资，用于海洋栖息地与沿海环境管理，并推动全球减排任务的实施；同时承诺提供 5990 万澳元，用于在印度洋-太平洋地区开发一项碳补偿计划，以刺激对高质量项目的投资，从而满足《巴黎协定》提出的碳补偿要求。

1.5.2　关键科技问题

碳汇测算理论与方法：重点研究森林、草原、湿地、农田、海洋、土壤等生态碳汇的关键影响因素和演化规律，开展森林绿碳、海洋蓝碳、生态保护与修复等稳碳增汇技术研究，建立生态碳储量核算、碳汇能力提升潜力评估等方法，挖掘生态系统的增汇固碳潜力。

陆地生态系统的碳汇贡献核算：重点研究陆地生态系统碳汇能力的持久性对植物生物量与土壤有机碳存量、未来气候变化的响应关系。

地球两极碳汇和碳源的角色转变问题：重点研究气候变暖下极地地区的碳汇和碳源变化问题及气候变化模型应用开发。

基于自然的解决方案（nature based solutions，NbS）：重点关注 NbS 政策衔接、资金支持、技术支撑与机制设计方面的问题。

1.6 低碳社会转型

1.6.1 国际政策行动

日本 2020 年 12 月发布《2050 碳中和绿色增长战略》，并确定了到 2050 年实现碳中和、构建"零碳社会"的目标。针对汽车和蓄电池产业，战略提出将制定更加严格的车辆能效和燃油指标，大力推进电化学电池、燃料电池和电驱动系统技术等领域的研发及供应链的构建；利用先进的通信技术发展网联自动驾驶汽车；开发性能更优异但成本更低廉的新型电池技术。此外，还提出加快大数据、人工智能、去中心化管理相关技术在社会中的应用（智慧城市）。

英国 2021 年 7 月发布《交通脱碳计划》，提出到 2050 年实现所有交通方式脱碳的目标和路径，并制定了技术路线图；推广创新的交通零排放技术，如最大限度利用氢和可持续低碳燃料、加强电池技术创新、开发新型零碳飞机技术等，并将持续通过交通研究和创新委员会更新研究重点领域等。

美国《清洁能源革命和环境正义计划》提出加速电动汽车发展，到 2030 年年底部署超过 50 万个新的公共充电桩，并在 21 世纪全球汽车工业竞赛中拔得头筹；革新国家交通网络，加速交通领域清洁燃料动力转型，建立高质量、零排放公共交通覆盖网，研制新的航空可持续燃料；加大建筑物升级改造，改善建筑物能源效率，发展下一代建筑材料，实现 2035 年美国建筑物碳足迹减少 50%。

1.6.2 关键科技问题

低碳交通：突破新型电子电气架构、复杂融合感知、智能线控底盘、云控平台等智能网联核心技术，构建产品全生命周期碳排放清单，探索电动汽车与能源互联网各环节的耦合互补机制，设计多技术融合发展的公共充电基础技术方案，研发大功率无线充电系统关键技术，测算燃料电池全生命周期节能减排关键因子，建立基于工况识别的能量管理策略等。

绿色建筑：构建超低能耗及近零能耗建筑示范应用；探索建筑与太阳能、风能、浅层地热能、生物质能等可再生能源的高度融合及建筑多能互补应用新模式；构建绿色建筑设计理念与方法；探索建筑材料高效节能加工制造技术，建筑材料的使用寿命和耐久性预测评价分析方法，绿色建筑材料组成、结构与性能评估和监测模式。

数字化：构建数字化需求侧、供应链、生产过程和运营服务的最优管理系统；加强汽车智能化技术开发验证和仿真测试；探索数字供应链、区块链技术在能源系统中的扁平化应用范式；构建基于数据驱动的智能决策方法和理论；设计基于物联网、云计算技术的智能化、多元化现代能源管理系统。

| 第 2 章 |　能源清洁低碳利用的政策行动及科技问题

2.1　国际政策行动

2.1.1　化石能源清洁高效转化利用

针对化石能源最本质的碳资源清洁高效转化利用问题，一些国家或组织围绕新型碳资源开发、新型碳分子反应、新型高效利用体系等关键科学问题，开展了化石能源清洁燃烧、低碳转化等关键核心技术攻关。

欧洲催化研究集群 2019 年发布《欧洲催化科学与技术路线图》，提出未来 10~20 年优先发展二氧化碳催化转化，以及通过改进催化过程实现页岩气和轻质烷烃生产化学品与交通燃料（BRUSSELS，2019）。

美国能源部 2020 年发布《化石能源路线图》（DOE，2020a），提出未来 10 年开发高效低碳燃煤发电（包括碳捕集）、煤基原料/废物生产稀土氧化物等高价值产品、化石能源智能基础设施等技术；投入 1.22 亿美元建立多个煤基高价值产品创新中心（DOE，2020b），利用煤炭生产高价值产品并提取稀土元素和关键矿物，充分发挥煤炭化工原料和碳基材料资源属性。

2.1.2　高比例可再生能源系统

高比例可再生能源系统被广泛认为是引领全球能源向绿色低碳转型的主体，受到各主要国家/组织的高度重视。各国/组织以构建高比例可再生能源系统为目标，开展了可再生能源高效、低成本、规模化开发利用的科技攻关。

（1）整体部署。国际能源署《全球能源行业 2050 净零排放路线图》（IEA，2021a）提出未来能源部门主要基于可再生能源，预计到 2050 年可再生能源发电量占到总发电量的近 90%，可再生能源供应量占能源供应总量的 2/3。

欧盟 2020 年公布《海上可再生能源战略》（European Commission，2021a），提出到 2050 年需要投资近 8000 亿欧元大力发展海上风电、海洋能等，助力欧盟实现碳中和目标。"地平线欧洲"研发框架计划设立"全球领先的可再生能源"主题，2021 年提出 2021 年和 2022 年预算分别为 3.35 亿欧元和 3.685 亿欧元，涵盖了可再生能源领域 44 项技术（EIC，2021）。

德国《国家能源和气候计划》设定了 2030 年将可再生能源电力占比提升到 65%，在终端能源消费总量中占比提升到 30% 的目标（BWE，2019）。

法国《能源与气候法案》确定了逐步淘汰化石燃料、发展可再生能源的原则，提出到 2035 年建立核电与可再生能源并重的混合电力系统（LEF，2019）。

英国基于《绿色工业革命十点计划》（DBEIS，2020），提出到 2035 年实现电力系统脱碳计划（DBEIS，2021a），旨在推动实现碳净零排放目标，加大部署本土清洁电力技术，包括风电、氢能、太阳能、核能及碳捕集与封存等。为此，英国还发布了有史以来规模最大的价值 2.65 亿英镑的可再生能源支持计划（DBEIS，2021b）：2 亿英镑用于海上风电项目，以实现 2030 年装机容量达 4000 万 kW 目标；5500 万英镑用于新兴可再生能源技术开发，包括浮动式海上风电、潮汐能、地热能和波浪能；1000 万英镑用于陆上风电、太阳能和水电等成熟技术研发与部署。

美国《清洁能源革命和环境正义计划》（The White House，2020）提出加快电力部门脱碳进程，到 2035 年在电力部门实现碳净零排放。

日本 2021 年公布新一期《能源基本计划》草案（METI，2021a），提出将 2030 年可再生能源电力占比提高至 36% ~38%；《2050 碳中和绿色增长战略》（METI，2021b）提出最大限度部署可再生能源，推动电力部门深度脱碳，到 2050 年可再生能源发电量占比达 50% ~60%。

韩国《2050 碳中和推进战略》（GRK，2020）提出打造以海上风能等可再生能源为中心的电力系统，到 2030 年可再生能源发电量占比达 20%。

（2）太阳能高效低成本转化。欧盟 2021 年发布《光伏战略研究与创新议程》（ETIP PV，2021），明确提出到 2030 年实现钙钛矿太阳能电池商业部署并达到 23% 的转换效率目标。

美国在 2020 年提出未来 5 年将资助 1 亿美元支持人工光合系统制太阳能燃料技术研发，旨在实现 10% 的太阳能到燃料的高效转化（DOE，2020c）；2021 年美国发布《太阳能未来研究》（DOE，2021a）报告推进零碳电网构建，提出推进太阳能和储能先进技术研发，降低太阳能光伏发电成本，到 2025 年美国太阳能发电装机容量将达到 3000 万 kW/a，2030 年达 6000 万 kW/a，2035 年将提供全国 40% 的电力。

日本《2050 碳中和绿色增长战略》明确提出到 2030 年太阳能电池发电成本降至 14 日元/（kW·h），研究钙钛矿等具有潜在应用价值的材料，开发下一代太阳能电池技术，并已启动"下一代太阳能电池"资助项目（资助总额上限 498 亿日元）招标（NEITDO，2021a）。

英国 2035 年电力系统脱碳计划提出，将加快部署太阳能等新一代本土绿色技术。

（3）深海高空风电高效转化。欧盟《海上可再生能源战略》提出到 2030 年海上风电装机容量提高至 6000 万 kW 以上，到 2050 年进一步提高到 3 亿 kW，并部署 4000 万 kW 的海洋能及其他新兴技术（如浮动式海上风电和太阳能）作为补充；欧洲风能技术与创新平台 2020年发布《风能路线图》（ETIP Wind，2019），强调加速推进下一代大功率风力发电机研发。

美国发布《国家海上风能战略》（DOE，2016），提出到 2050 年为美国新增 8600 万 kW 海上风电装机容量目标；2021 年发布 2030 年海上风电目标（DOE，2021b），将部署 3000 万 kW 海上风电机组，支持开发海上风电创新基础结构、风力涡轮机供应链相关技术、电力系统创新技术等解决方案。

英国发布面向 2030 年的《海上风能产业战略》（DBEIS，2019），旨在进一步降低海上风电技术成本，实现海上风电占比 30% 的目标；《绿色工业革命十点计划》提出重点发展海上风电，到 2030 年投资约 1.6 亿英镑建设现代化港口和海上风电基础设施，发电量翻两番，达到 4000 万 kW（DBEIS，2020），并已投入 2.66 亿英镑开发下一代风力涡轮机以打造世界级风电制造基地（DBEIS，2021c）。

日本《2050 碳中和绿色增长战略》明确提出重点发展海上风电，推进新型浮动式海上风电技术研发，打造完善的具备全球竞争力的本土产业链，减少对外国零部件的进口依赖；"绿色创新基金"已启动"低成本海上风力发电"资助项目（资助总额上限 1195 亿日元）招标（METI，2021b），旨在实现到 2030 年着床式风力发电的发电成本降至 8～9 日元/（kW·h），浮动式海上风力发电成本具有国际竞争力。

（4）生物质高效转化利用。美国从国家能源安全高度推动生物质能发展。2019 年 2 月，美国生物质研发委员会发布《生物经济行动实施框架》（BRDB，2021），提出要最大限度促进生物质资源在平价生物燃料、生物基产品和生物能源方面的持续利用，促进经济绿色增长、

能源安全和环境改善。2019 年美国农业部发布农业创新议程（DOA,
2019），其中一个优先事项就是重点强调增加可再生能源原料的生产,
提高生物燃料的生产效率和竞争力,实现到 2030 年交通运输燃料的掺
混率（由市场驱动）达到 15%,到 2050 年达到 30%;2020 年 5 月美
国农业部为高掺混基础设施激励计划（HBIIP）提供 1 亿美元资助,
用于建设生物能源基础设施,促进生物燃料的供应和使用。2020 年 2
月,美国农业部发布《美国农业部科学蓝图》（DOA,2020）,提出未
来 5 年科学发展的重点,要增加整个农业系统和生物经济的产品与创
新的价值,包括生物燃料和生物能源及新兴的补充与替代作物等。美
国能源部主要持续资助生物质能方面的科技创新,近三年平均每年资
助金额在 2.5 亿美元以上（Green Chemicals,2020）,2019 年关注点包
括生物能源与生物基产品基因组学研究、农业资源、可再生运输燃料
过程监测与分析系统及生物能源作物研发,2020 年重点部署利用固体
废弃物和藻类转化生物能源、生物燃料混合物性能改良、提高生物能
源产品的碳效益,2021 年更加关注藻类转化二氧化碳、利用低碳能源
扩大直接空气捕集技术、可持续航空燃料（sustainable aviation fuel,
SAF）研发等方向。此外,2021 年 2 月美国能源部宣布为变革性清洁
能源技术研发提供高达 1 亿美元的资助（DOE,2021c）。2021 年 9
月,美国能源部、交通部和农业部共同发起可持续航空燃料大挑战
（The White House,2021a）,联邦政府将投资 43 亿美元,通过技术创
新降低 SAF 成本、提高 SAF 产量,以达到到 2030 年供应至少 30 亿 gal
[1gal（美制）= 3.785 43L]、2050 年供应 350 亿 gal 的目标。

欧盟强调加强生物质能与社会和环境之间的联系。2020 年 3 月,
欧盟生物基产业联盟发布《战略创新与研究议程（SIRA 2030）》
（BBIC,2020）,提出"2050 年建立循环生物社会"的愿景,即"一
个具有竞争力、创新和可持续发展的欧洲,引领向循环型生物经济转
变,使经济增长与资源枯竭和环境影响脱钩",设立了 2030 年之前建
立减缓气候变化的碳中和价值链、生物质原料（可再生碳源）的可持

续供应等重要目标。2020 年 4 月，欧洲投资银行（EIB）发布农业与生物经济融资计划（EIB，2020），对农业与生物经济领域提供近 7 亿欧元的投资，并预计将带动欧洲各地近 16 亿欧元的投资，旨在支持私营企业在食品、生物基材料和生物能源生产加工的整个价值链中开展业务。2021 年 5 月，欧盟委员会发布《生物经济未来向可持续发展和气候中和经济的转变：2050 年欧盟生物经济情景展望》（Verkerk et al.，2021），对欧洲乃至全球生物经济的气候中和与可持续发展趋势进行了情景分析，以促进欧盟生物经济战略目标的实现和联合国可持续发展目标（SDG）的达成。欧盟生物基产业联盟每年为生物基研发提供超过 1 亿欧元的经费资助，近几年关注的重点是促进现有新价值链的可持续生物质原料的供应；通过研究、开发和创新优化综合生物精炼厂的高效加工过程；为既定市场应用开发创新生物基产品；加速市场对生物基产品和应用的接受度。

英国积极寻求后疫情时代的经济转型。2020 年 11 月，英国政府公布《绿色工业革命十点计划》（DBEIS，2020），将投入 120 亿英镑以期在 2050 年之前实现温室气体"净零排放"目标，十点计划包括：海上风能，氢能，核能，电动汽车，公共交通、骑行与步行，Jet Zero（喷气式飞机零排放）与绿色航运，住宅与公共建筑，碳捕集、利用与封存，自然保护，绿色金融与创新。作为十点计划的一部分，英国交通部在 2021 年 3 月宣布了"绿色燃料、绿色的天空"竞争计划（GFGS）（DFT，2021a），以支持英国公司率先采用新技术将家庭垃圾、废木材和多余电力转化为可持续航空燃料。作为商业、能源和工业战略部（BEIS）价值 10 亿英镑的净零创新组合投资的一部分，BEIS 于 2021 年 8 月宣布为生物质原料创新方案项目提供 400 万美元资助，通过生物质原料（非粮能源作物、林业资源及海藻等）的培育、种植和收获等环节的创新，提高英国的生物质生产能力，为构建多样化绿色能源组合提供原料，进而实现应对气候变化的目标。此外，英国"工业生物技术和生物能源网络（BBSRC NIBB）"行动在 2016 ～

2020 年提供超过 7500 万英镑，支持材料、化学品和生物能源的加工与生产的研究和开发，以及创新工艺的开发和商业化；英国还承诺在 2019~2024 年为"工业生物技术和生物能源网络"行动第二阶段提供大约 1100 万英镑的资金（BBSRC NIBB，2018），进一步支持可持续生物制造的研究和转化。

加拿大旨在通过低碳生物质能开发实现自然资源有效管理。加拿大 2019 年 5 月发布首个国家生物经济战略（BIC，2019），提出加拿大生物经济战略的愿景，即促进加拿大生物质和残余物的最高价值化，同时减少碳足迹，实现有效管理自然资源的目标。加拿大生物燃料网络（BioFuelNet Canada）领导的生物质研究集群在加拿大生物质能发展中发挥着重要作用，2019 年 2 月获得来自政府和工业界的资助 1010 万加元用于改进农业生物质能加工技术，2019 年 4 月通过加拿大农业伙伴关系项目获得 3220 万加元用于生物燃料研究集群、生物基产品集群发展（AAFC，2019）。加拿大在 2021 年政府预算中（CFF，2021）提出在 5 年内投资 15 亿美元建立清洁燃料基金，用于新建或扩大现有清洁燃料生产设施；支持可行性和前端工程与设计研究；改善清洁能源的生物质原料（如森林残留物、城市固体废弃物和农作物残留物）供应；制订支持性规范和标准，帮助清洁燃料进入市场。

2.1.3 核能安全高效经济可持续利用

一些核电强国/组织积极布局先进核电技术研发应用，抢占未来发展制高点。

经济合作与发展组织（OECD）核能署 2021 年 4 月发布《小型模块化反应堆：挑战与机遇》研究报告（NTDE，2021a），评估小型模块化反应堆在大规模部署和提高经济竞争力等方面面临的机遇与挑战，对小型模块化反应堆的技术研发现状、技术经济性特点及未来发展面临的挑战、各国的支持举措等进行了介绍，为各国推进小型模块化反应堆技术商业化提出了建议；7月发布《核电厂长期运行与脱碳战略》报告（NTDE，2021b），分析介绍了核电厂长期运行在减少碳排放、推动能源转型方面的重要意义及长期运行面临的挑战，提出了保持现有低碳装机容量，加强设备老化机理和管理的技术研究并开展国际合作，支持新技术的应用和核电机组的升级，制订并实施长期且可预测的核工业发展计划等相关政策建议。

国际原子能机构2021年8月发布《小堆部署技术路线图》报告（IAEA，2021），向成员方展示了若干适用于推进特定小堆部署的技术路线图，并就路线图的制订提出了一些建议，明确了技术路线图的范围，介绍了小堆部署技术路线图的背景、目标、范围和结构，部署的前景和面临的阻碍等内容。

美国将核能放在国家战略高度的位置，出台多项相关计划与战略报告以推动核能技术研发。2020年4月，美国能源部发布《重塑美国核能竞争优势：确保美国国家安全战略》报告（DOE，2020d），从核燃料供应链安全、先进技术研发、核技术出口及政府职能等方面提出了具体措施；同年5月，美国能源部启动了"先进反应堆示范计划"（DOE，2020e）以促进美国核能企业的下一代先进反应堆技术研发工作，加速下一代先进反应堆技术的商业应用进程，资助计划提及三大主题技术——先进反应堆示范、未来示范工作的风险管控和新概念先进反应堆；2021年1月，美国能源部核能办公室发布《战略愿景》（DOE，2021d），意图推进先进核能科技发展以促进核能产业壮大，满足美国能源、环境和经济需求，其提出了到2030年的五大愿景目标以应对美国核能领域面临的挑战，并针对各愿景提出了支撑目标和阶段性绩效指标。

英国将核能利用视为脱碳道路上的关键一环。2019年11月，英国工业联合会发布《低碳21世纪20年代：十年的方向》报告（CBI，2019），指出英国政府将采用新的融资模式促进未来新核电项目成本降低，同时提出18项政策建议，如提高低碳电力供应，快速减少交通行业的碳排放，以及通过新技术和提高能效来解决脱碳进程中的长期性挑战；2021 年 2 月，英国核工业委员会推出《氢能路线图》（NIA，2021a），对大型反应堆和小型模块堆生产清洁氢的途径进行了概述，指出核能和可再生能源将成为英国未来生产绿色氢的主要能源，对核能制氢的愿景目标、核能制氢途径及促进核能制氢部署的政策建议进行了明确；2021 年 10 月，英国商业、能源和工业战略部发布《迈向聚变能源：英国聚变战略》报告（DBEIS，2021d），阐述了英国政府利用其科学、商业与国际领导力来实现聚变能源的方式和措施，并预期通过建造能够接入电网的聚变发电厂原型，示范聚变技术的商业可行性，建立世界领先的英国聚变产业。

日本致力于将低碳理念渗入各产业发展进程之中。2020 年日本经济产业省发布《2050 碳中和绿色增长战略》，其中特别指出利用国际合作推进快堆研发，示范小型模块化反应堆技术，加速推进"常阳"堆重启相关的准备，计划到 2030 年建立高温气冷堆制氢相关基础技术（METI，2020）。

俄罗斯积极推动先进核裂变能系统开发，保障国家能源安全。2020 年 6 月，俄罗斯能源部发布《俄罗斯 2035 年前能源战略》（TRG，2020），计划实现快堆核燃料闭式循环以降低对自然环境的损害。

2.1.4　氢能绿色安全高效转化利用

国际研究机构将氢/氨清洁技术列入重大科技问题。2021 年 5 月 19 日，英国皇家学会发布的《气候变化：科学与解决方案》报告（The Royal Society，2021a）指出，氢和氨在净零经济中具有重要的潜在作用，能够以多种方式生产和使用，且能够由可再生能源生产并应用于难以脱碳的领域，如重型运输、工业和供热，并可作为能源存储和运输的介质。

各国/组织掀起新一轮氢能发展热潮,公认氢能是未来碳中和社会技术、产业竞争新的制高点,均积极布局抢占氢能经济发展先机。

欧盟 2019 年发布《欧洲氢能路线图:欧洲能源转型的可持续发展路径》报告(FCHJU,2019),提出到 2050 年氢能占欧洲终端能源需求的 24%;同年更新《氢能与燃料电池联合研究计划实施规划》(EERA,2019a),确定未来 10 年重点围绕电解质,催化剂与电极,电堆材料与设计,燃料电池系统,建模、验证与诊断,氢气生产与处理,储氢 7 个领域开展研究。2020 年推出《欧洲氢能战略》(European Commission,2020a),计划分三步实现到 2050 年可再生能源制氢技术的大规模部署,其目标是到 2024 年安装至少 600 万 kW 可再生氢电解槽、可再生氢达 100 万 t;2030 年安装至少 4000 万 kW 可再生氢电解槽、可再生氢达 1000 万 t;2050 年,可再生氢技术应成熟并大规模部署,以覆盖所有难以脱碳领域。欧洲氢能组织 2021 年 4 月提出"三步走"氢经济发展路线图(Hydrogen Europe,2021),认为氢将成为重要的能源载体,以取代不同领域的煤炭、石油和天然气,并成为能源转型中与可再生电力并列的另一分支,对保持和提高欧盟的工业与经济竞争力也尤为重要。

美国 2020 年发布《氢能计划发展规划》(DOE,2020f),明确未来 10 年将在制氢、输运氢、储氢、氢转化和终端应用等领域开展研发活动;2021 年推出氢能攻关计划(DOE,2021e),提出到 2030 年使清洁氢成本降低 80%,以加速氢能技术创新并刺激清洁氢能需求。

日本将发展氢能社会定为国策,2019 年更新氢能路线图(METI,2019a),提出到 2030 年建立大规模氢能供给体系并实现氢直燃发电的商业化,同年发布《氢能与燃料电池技术开发战略》(METI,2019b),确定了燃料电池、氢能供应链、电解水产氢三大技术领域的优先研发事项;《革新环境技术创新战略》(Cabinet Office,Government of Japan,2020)提出以氢能技术创新为突破构建氢能社会体系,构建完整供应链、产业链；《2050 碳中和绿色增长战略》提出推进可再生能源制氢技术的规模化应用，到 2030 年将氢能年度供应量增加到 300 万 t，到 2050 年氢能年度供应量达到 2000 万 t；"绿色创新基金"设立"大规模氢供应链建设"和"利用可再生能源等电力电解制氢"专项资助计划（NEITDO，2021b），资助金额达 2890 亿日元，旨在推进构建氢能产业供应链，通过电力转换为其他载体（Power to X）技术促进氢能的普及；"绿色创新基金"还设立了"氢还原炼钢"技术研发与应用计划（METI，2021c），资助总额上限高达 1935 亿日元，目标是到 2030 年开发出实现二氧化碳减排 50% 以上的高炉氢还原技术和氢直接还原技术。此外，《2050 碳中和绿色增长战略》提出，到 2030 年实现氨作为混合燃料在火力发电厂的使用率达到 20%，到 2050 年实现纯氨燃料发电，年供应能力达 1 亿 t；"绿色创新基金"已启动"燃料氨供应链建设"专项资助计划（METI，2021d），主要资助氨供应成本降低所需技术（新催化剂、绿氨电解合成等）及利用氨发电的高比例混烧、专烧工艺，资助总额上限为 688 亿日元。

英国《绿色工业革命十点计划》提出推动氢能的增长，到 2030 年实现 500 万 kW 的低碳氢能产能供给，并将实施 2.4 亿英镑的净零氢产业基金及超过 40 亿英镑的私营部门投资等一系列支持措施（DBEIS，2020）；2021 年发布《国家氢能战略》（DBEIS，2021e），提出到 2030 年英国氢经济发展的愿景目标及路线图；英国核工业委员会发布《核能制氢路线图》（NIA，2021b），提出利用核能大规模生产绿氢，即 1/3 的氢需求由核能生产。

德国《国家氢能战略》（FMEAE，2020a）提出发展氢能促进钢铁、化工和交通运输等部门脱碳，将推进氢能成为未来出口的核心领域，力争成为绿氢技术的全球领导者，到 2030 年绿氢将占氢气总供应量的 20%。德国联邦教育与研究部（BMBF）宣布投入 7 亿欧元支持 3 个绿氢旗舰项目（BBF，2021），H_2Giga 项目将开发大规模、高性能制氢电解槽，包括质子交换膜电解槽、碱性电解槽和高温电解槽、阴离子交换膜电解槽等；H_2Mare 项目将开发直接利用海上风电生产氢气及副产品（甲烷、甲醇、氨、燃料等）的解决方案，以最大限度降低氢气生产成本；TransHyDE 项目将开发并测试短、中、长距离运输氢气的解决方案，以促进建立高效氢经济。

法国 2020 年发布《法国无碳氢能的国家战略》（LEF, 2020），计划到 2030 年投入 70 亿欧元发展绿色氢能，促进工业和交通等部门脱碳，谋求成为绿氢技术的全球领先者。

2.2 重大科技与工程问题

2.2.1 化石能源清洁高效转化利用

能源和工业结构中大规模存量化石能源的清洁高效转化利用是当务之急，重点研究 C—H、C—O、C—C 等含能化学键的有效活化、结构再造与能量存储新路线等关键科学问题，发展新型热力循环与高效热功转换系统、碳基能源高效催化转化、多点源污染物一体化控制等清洁低碳技术，推进化石能源利用重心由碳燃料向碳材料转变，实现宝贵碳资源高附加值利用。

（1）新型热力循环与高效热功转换系统。重点研究灵活智能发电系统、超高参数发电、新型工质高效热功转换、变负荷多污染物协同控制等关键问题。

（2）碳基能源高效催化转化。重点研究低碳催化反应途径、催化剂及工艺开发、煤基化学品/特种燃料/高价值材料、复杂系统的集成耦合与匹配、转化过程的低排放低污染等关键问题。

（3）多点源污染物一体化控制。重点研究 VOC 脱除，高微尘含量、复杂烟气脱硫脱硝除尘一体化，高盐、高浓度有机废水的低能耗低成本净化等关键问题。

2.2.2 高比例可再生能源系统

着眼长远零碳能源结构和低碳工业的变革，优先推进构建高比例可再生能源系统替代化石能源，重点研发太阳能高效低成本转化、深海高空风电高效转化、生物质高效转化利用、海洋能规模化高效利用、地热利用与深层地热开采及新型电力系统等关键核心技术，促进高比例可再生能源电力消纳与多能源载体综合利用，大幅增加可再生能源在能源生产和消费中的比例，支撑可再生能源在碳中和时代成为主体能源。

（1）新型电力系统。重点研究新能源发电灵活友好并网消纳、先进智能电网、多能互补与供需互动、新型电力电子装备等关键问题。

（2）太阳能高效低成本转化。重点研究高效低成本光伏发电、高参数光热发电、人工光合系统制燃料与化学品等关键问题。

（3）深海高空风电高效转化。重点研究大型风电机组及部件，基于大数据的风电场设计与运维，大型风电机组测试及海上风电场设计、建设与开发等关键问题。

（4）生物质高效转化利用。重点研究能源植物基因重组育种、绿色生物转化与热化学转化过程工艺、宏量制备低成本生物基平台燃料与化合物及其衍生精细化学品、建立高效生物质转化和应用体系等关键问题。

（5）海洋能规模化高效利用。重点研究波浪能高效捕获与能量转换、潮流能及温（盐）差能利用、适用于海洋环境的新材料与新结构、海洋能源综合利用等关键问题。

（6）地热利用与深层地热开采。重点研究储层物性综合测试、人工裂隙发育延伸控制、干热岩中高温发电、水热型地热系统改造与增产等关键问题。

2.2.3 核能安全高效经济可持续利用

发展安全、高效、经济、可持续的先进核能系统，近中期攻克先进核裂变能燃料循环、裂变燃料增殖与嬗变及核能多用途利用等重大科技问题；瞄准长远持续推进聚变堆实验与示范，攻关磁约束聚变和惯性约束聚变核物理基础科学与关键技术问题，到 21 世纪中叶实现聚变商用，充分发挥核能战略性能源作用。

（1）现有核电延寿退役。重点研究反应堆构件、设备和部件的主要老化机理、老化监测，提升功率，升级仪控系统，提高运行灵活性，实施全面的现代化改造等关键问题。

（2）先进核裂变能系统开发。重点研究具有固有安全特性的快堆、高温气冷堆、熔盐堆、模块化小型堆等关键问题。

（3）先进燃料增殖与嬗变。重点研究核燃料增殖、高水平放射性废物嬗变、压水堆闭式燃料循环等关键问题。

（4）核能综合利用。重点研究核能制氢、核能供热、核能海水淡化、核动力等综合利用关键问题。

（5）可控核聚变。重点研究高效加热与驱动、等离子体约束与输运、磁流体不稳定性、高热负荷等离子体与材料相互作用、氚滞留与增殖，以及高能粒子损失等磁约束和惯性约束聚变关键问题。

2.2.4 氢能绿色安全高效转化利用

推动氢和氨等新能源化学体系的建立，解决新能源开发与转化过程中的重大科学问题，加快发展低碳高效的绿氢/氨制备、储运及利用技术，开发不同场景下基于氢/氨的新型系统概念，以氢/氨作为关键能源载体实现多种能源资源的灵活互补，并通过转化为电/热/气或作为替代原料促进多个难减排工业部门的脱碳。

（1）绿色制备。重点研究电解制氢、水热分解制氢、生物质制氢、光催化制氢等绿氢制备，以及多相催化、电催化、光催化等绿氨制备等关键问题。

（2）安全高效储运。重点研究低成本液氢储运，高效长寿命有机液体储运氢，稀土合金、金属有机框架（metal-organic frameworks，MOFs）等高性能固态储氢材料，掺氢/纯氢输配网，氢、氨之间的低成本转化等关键问题。

（3）燃料电池及系统集成。重点研究高效低成本的电解质、催化剂、电极开发，扩展燃料电池运行温度，提升耐久性，电堆结构优化和系统集成设计，燃料电池系统概念开发等关键问题。

（4）多场景综合利用。重点研究以氢/氨作为关键能源载体促进多种能源资源的灵活互补，并通过转化为电/热/气或作为替代原料促进电力、交通、建筑、化工、钢铁等多个部门（特别是难脱碳部门）转型等关键问题，如"可再生能源发电→制氢→制甲醇→化工原料"和"电→氢→电"系统，探索基于氢/氨的多能融合系统新概念。

第3章 新型电力系统的政策行动及科技问题

3.1 国际政策行动

3.1.1 新型低成本规模化储能

国际研究机构将新型储能技术列入重大科技问题。英国皇家学会发布的《气候变化：科学与解决方案》报告指出，未来电池储能解决方案将在净零世界发挥重要作用，建议加大投入支持下一代成本更低、能量密度更高的全新电池。欧洲专利局（EPO）和国际能源署（IEA）联合发布《全球电池和电力储能技术创新专利分析》报告（EPO，2020）指出，将风能和太阳能等可再生能源整合到电网需要储能技术的进步，在可持续发展情景下，到 2040 年所有终端应用部门对电池和其他储能设备的需求接近 1 万 GW·h。

随着交通电气化、新型电力系统的发展，各国/组织把低成本、高性能的下一代新型储能技术作为重要突破关口，着力打造电池产业链，强化制造竞争力。

2017～2020 年，美国能源部在储能相关技术研发方面投入了 16 亿美元，并于 2020 年和 2021 年相继启动"储能大挑战"计划（DOE，2021f）和"长时储能攻关"计划（DOE，2021g），发布《国家锂电蓝图 2021—2030》（DOE，2021h），旨在打造美国本土的锂电池制造价值链，在未来 10 年内将电网规模、长时储能成本降低 90%，并依托西北太平洋国家实验室建立国家级电力储能研发中心（DOE，2021i）。

欧盟于 2017～2020 年陆续建立了欧洲电池产业联盟（European Commission，2019）、"电池欧洲"技术创新平台（EERA，2019b）、"电池 2030+"联合研究计划（BATTERY 2030+，2019）、电池战略研究议程（European Commission，2020b），推进不同技术成熟度的研究和开发工作，构建起欧洲电池研究与创新生态系统，重点开发固态电解质、正负极材料，开发新兴电池概念（技术成熟度在 1～3 级）等，以加速建立具有全球竞争力的欧洲电池产业。

日本《2050 碳中和绿色增长战略》明确提出开发性能更优异但成本更低廉的新型电池技术，"绿色创新基金"已启动下一代蓄电池和电机专项资助计划（NEITDO，2021c），以增强蓄电池和电机的产业竞争力及构建未来汽车电气化的供应链与价值链。日本开展新型高效电池技术开发第二期项目（项目周期 2018～2022 年，总经费 100 亿日元）（NEITDO，2021d），目标是攻克全固态电池商业化应用的技术瓶颈，为在 2030 年左右实现规模化量产奠定技术基础。

英国研究与创新署"工业战略挑战基金"设立"法拉第电池挑战"资助主题（UKRI，2021a），旨在探索电化学储能技术研发与商业化应用；10 亿英镑净零创新组合投资提出将关注"灵活性储能"技术研发（DBEIS，2021f）。

3.1.2 多能融合智慧能源系统

开发多种能源协同利用的多能融合智慧能源系统已成为新的战略竞争焦点，各国/组织针对自身能源结构特点，探索发展不同形式的多能互补综合能源系统，同时提前布局开启能源领域数字化转型之路，催生数字技术与能源技术交叉创新的新技术、新模式、新业态。

美国 2015 年提出核能-可再生能源复合能源系统概念（DOE，

2015）并推出相应研发计划，2020 年 9 月，爱达荷国家实验室、橡树岭国家实验室和阿贡国家实验室共同为该计划制订了《综合能源系统路线图 2020》（DOE，2020g），指出了发展核能综合能源系统的关键反应堆技术，并提出了相应研发及示范路线图，其中，轻水堆综合能源系统将在 2025 年以后实现百万千瓦级商业化部署，小型模块化反应堆综合能源系统将在 2028 年以后扩大规模以迈向完全商业化，先进反应堆（钠冷快堆、高温气冷堆、熔盐堆）综合能源系统将在 2032 年以后实现示范。2021 年美国发布《综合能源系统：协同研究机遇》报告（DOE，2021j），提出构建燃煤发电复合能源系统、聚光太阳能多能流系统、核能–可再生能源等多能流综合能源系统。美国能源部 2019 年成立人工智能与技术办公室（DOE，2021k），布局基础研究与能源技术，进行"人工智能+"创新，打造全球领先的 AI 科研机构，已开展了 AI 技术在清洁煤电、可再生能源、核聚变等领域的研究，为建造下一代超级计算机和汇聚海量科研数据奠定了坚实的数据与计算平台基础。

欧盟 2018 年以来发布一系列短中长期研发规划，推动到 2050 年发展高度融合可再生能源、深度电气化、广泛数字化、完全碳中和的泛欧综合能源系统。《能源系统 2050 愿景：集成智能网络的能源转型》（ETIP SNET，2018）构想了欧洲未来的综合能源系统，以电力系统为主体，将储能技术和各种能源载体网络通过转换技术融合在一起。在此基础上，发布了《综合能源系统 2020—2030 年研发路线图》（ETIP SNET，2020a），明确了未来 10 年欧盟综合能源系统研究和创新的重点领域与优先事项，计划为此投入 40 亿欧元资金，并已启动第一阶段《2021—2024 年综合能源系统研发实施计划》（ETIP SNET，2020b）。欧盟 2021 年正式启动能源部门数字化行动计划（European Commission，2021b），提出推动能源转型的关键是进行能源全系统数字化改革，加速在能源供应、基础设施和消费部门实施数字解决方案与现代能源系统集成。

日本 2016 年启动"福岛系能源社会"示范项目，探索到 2040 年构建 100% 可再生能源供应、基于氢能、发展智慧社区的未来多能融合能源系统，目前已建成全球最大可再生能源电力制氢示范厂（NEITDO，2020）。考虑到政府新提出的 2050 年碳中和气候目标，2021 年日本对"福岛系能源社会"示范项目进行修订，进一步扩大可再生能源部署并推进形成氢能示范区（METI，2021e）。

德国《国家氢能战略》（FMEAE，2020a）强调实施"应用创新实验室"（living lab）创新资助形式，支持基于氢能的综合能源网络研究，构建未来融合高比例可再生能源的清洁能源系统。

英国 2021 年推出《智能系统与灵活性计划》、能源数字化战略，提出建立以数据和数字化为基础的智能灵活能源系统（DBEIS，2021g）。《智能系统与灵活性计划》提出智能和灵活的能源系统愿景，将低碳电力、热力和运输整合到能源系统中，为能源安全和向碳净零排放过渡奠定基础；《能源系统数字化以实现净零：2021 年战略与行动计划》提出利用数字化优化能源系统中的低碳技术（包括太阳能光伏、电动汽车和热泵），促进新的消费者服务，降低能源系统脱碳的成本（DBEIS，2021h）。英国皇家学会发布的《气候变化：科学与解决方案》报告指出，数字技术可以通过在全球经济中实现碳减排并限制计算本身造成的排放，在低碳转型中发挥重要作用（The Royal Society，2021a）。

3.2　重大科技与工程问题

3.2.1　新型低成本规模化储能

开发超越传统体系的储能新材料与系统，研究电/热/机械能与化学能之间相互转化的规律，重点推进大规模长寿命物理储能技术应用，发展新型电化学能量储存与转化机制以变革锂离子电池为代表的储能体系，实现长寿命、低成本、高能量密度、高安全和易回收的新型储能技术广泛应用。

物理储能技术。重点研究大容量、高水头、高效率、智能化抽蓄等新型技术，研发新型压缩空气储能技术与设备，研究增加飞轮单机与单元储能容量、增加功率、提高效率等关键问题。

电化学储能技术。重点研究材料功能对电化学行为的影响、多尺度演化模型、组成动态界面的化学和物质反应行为、高容量电极材料和高电压电解质等关键问题。

3.2.2　多能融合智慧能源系统

未来能源体系将发展为多能融合智慧能源系统，攻克能源生产、输配、存储、消费等环节的多能耦合和优化互补核心科技问题，并深度融合新一代信息技术形成智慧能源新产业，保障能源利用与生态文明同步协调发展。

能的综合互补利用理论体系。重点研究能的综合梯级利用理论、燃料化学能与物理能的综合梯级利用、能源动力系统温室气体协同控制机制等关键问题。

多能系统规划设计及运行管理。重点研究多能流混合建模、系统协同控制、综合能量管理等关键问题。

能源系统智慧化。重点研究先进传感、5G 通信、大数据、物联网、区块链和人工智能等数字技术与能源技术的深度融合，多能源信息物理融合系统等关键问题。

多能源载体多能融合。重点研究基于氢/氨/醇等载体的多能融合、系统灵活性技术等关键问题。

第4章 | 工业过程低碳化的政策行动及科技问题

4.1 国际政策行动

4.1.1 工业燃料、原料低碳化或零碳化

1)战略部署

美国 2021 年 2 月成立新的气候创新工作组,确定了新的议程重点,其中包括无碳热量和工业过程(The White House,2021b)。5 月 28 日,美国能源部 2022 财年预算提出 5 个优先领域,工业部门脱碳资助的方向重点是支持依靠氢等可再生能源和燃料为工业过程提供动力的方法,利用碳捕集、利用技术,大幅提高效率。2020 年 11 月 12 日,美国能源部发布了更新版氢能计划(DOE,2020f),该计划在 2004 年以来有关氢项目愿景计划的基础上,对跨部门的氢研究计划进行了更新和扩展,提出 10 个方面的技术需求和氢研发重点。在氢燃烧方面,提出需要额外的研发投入来研究诸如自燃、回火、热声学、混合要求、空气热传递、材料问题、调节/燃烧动力学、氮氧化物排放和其他与燃烧相关的现象。氢燃烧的研究重点是:研究在单一和联合循环中实现最大 100% 的氢浓度;研究对氢燃烧行为的理解并优化低 NO_x 燃烧的部件设计;应用和开发具有反应流的高级计算流体动力学;开发先进

的燃烧器制造技术；开发新材料、涂层和冷却方案；优化转换效率；开发系统级优化和控制方案；开发和测试氢气燃烧改造包；为碳中性燃料（NH_3、乙醇蒸气）的燃烧赋能。该计划将通过工业界、学术界、国家实验室、联邦和国际机构及其他利益相关者合作完成。

英国 2020 年以来陆续发布《绿色工业革命十点计划》（DBEIS，2020）、《工业脱碳战略》（DBEIS，2021i）、《国家氢能战略》（DBEIS，2021e）等涉及工业碳减排的重要战略。英国重视低碳氢、CCUS 及产业集群中规模化综合部署零碳解决方案。其设定了工业碳减排的主要目标：到 2035 年将工业碳排放量减少 2/3，到 2050 年，排放量将至少减少 90%。其提出部署低成本技术、提高能源和资源效率及加快低碳技术创新是实现工业产业结构转型的关键。在工业燃料转换中的具体部署包括：①支持低成本燃料在 2020～2030 年转向工业电气化；建立正确的政策框架，以确保采用从化石燃料到氢、电或生物质等低碳替代品的工业燃料转换。②推动低碳氢工业供热的测试和部署。2023 年与工业界合作完成必要的测试，以允许将高达 20% 的氢气掺入燃气分配网中的所有燃气网，支持工业界在当地社区开始进行氢加热试验；2025 年将支持工业界开始一个大型村庄的氢供热试验。③审查生物能源在工业中的使用，为 2022 年生物能源战略提供证据。④在 2021 年年底启动"氢就绪"工业设备的信息收集工作，启动淘汰工业中碳密集型氢生产的统计工作，对 2026 年启动"氢就绪"工业锅炉进行咨询。⑤2021 年启动 5500 万英镑的工业燃料转换项目；为"工业能源转型基金"第二阶段提供 3.15 亿英镑的资金。

德国 2020 年 6 月 10 日发布《国家氢能战略》（FMEAE，2020a），确定氢作为工业可持续能源的来源。其提出转换当前工业材料中的灰氢（通过化石燃料燃烧制氢）为绿氢，包括氨原料，以及与二氧化碳结合生产化学品等；借助氢和氢基础、采用 PtX（Power-to-X）法制备的原材料推动碳密集型工业过程脱碳。2020 年 7 月，德国联邦政府批准了"钢铁行动概念"的战略（FMEAE，2020b），列举了钢铁生产向气候友好型结构转变的举措，提出了逐步实现使用氢还原铁矿石替代焦煤炼钢的目标，并将绿氢作为长期替代的燃料。工业生产过程的常规化石技术向低碳技术转型，特别是在钢铁和化工工业中氢能原料与燃料的转型方面，相关的扶持项目包括"工业脱碳化"基金、"工业生产中的氢能应用（2020—2024）"、"在原材料工业中避免产生和使用二氧化碳"、大型研究计划"钢铁和化学工业中的氢能"等。

欧盟 2019 年 12 月发布《欧洲绿色协议》（European Commission, 2019），提出 2030 年之前在关键工业部门开发突破性技术的首批商业应用，清洁氢、替代燃料是优先领域之一。2020 年 7 月 8 日，欧盟委员会发布《能源系统集成战略》（European Commission，2020c），作为"欧盟复苏计划"的一部分，提出了促进欧洲能源系统集成以达到2050 年实现气候中性欧洲的战略规划。其中提出：①扩大终端用能部门的直接电气化，如在供暖或低温工业过程中使用热泵，或在某些行业使用电炉。②在直接加热或电气化不可行、效率不高或成本较高的终端应用中使用可再生能源和低碳燃料（包括氢），如在工业过程中使用可再生氢，或在附加值最大的部门使用生物质能源。2020 年 7 月8 日，欧盟委员会发布《欧洲氢能战略》报告（European Commission，2020a），探讨了如何通过投资、监管、市场创建及研究和创新将氢能潜力变为现实。具体路线目标如下：第一阶段（2020～2024 年），氢能发展的目标是降低现有制氢过程的碳排放并扩大氢能应用领域，将其从现有的化学工业领域扩展到其他领域；第二阶段（2024～2030年），使氢能成为综合能源系统的重要组成部分；第三阶段（2030～2050 年），可再生能源制氢技术将逐渐成熟，其大规模部署可以使所有脱碳难度系数高的工业领域使用氢能代替。报告指出欧盟多年来一直支持氢能研究和创新，尤其是在电解槽、氢燃料补给站和兆瓦级燃料电池方面。

日本 2020 年 1 月 21 日颁布了《革新环境技术创新战略》（Cabinet Office, Government of Japan, 2020），提出将在能源、工业、交通、建

筑和农林水产业五大领域采取绿色技术创新以加快减排技术创新步伐。该技术创新战略提出了 39 项重点绿色技术。其中工业领域的绿色技术包括：电气化、氢能、氢还原炼铁、金属塑料等循环利用、CO_2 循环利用（燃料、以 CO_2 为原料的混凝土生产工艺/开发吸收 CO_2 的混凝土）。

2）项目资助

美国：2021 年 7 月底由能源部拨款 4230 万美元用于支持发展下一代制造工艺、开发提高产品能效的新型材料及改进能源储存、转换和使用的系统与流程（DOE，20211）。

英国：2020 年以来通过净零创新组合投资、"工业能源转型基金"、"工业战略转型基金"及工业燃料转换竞赛等基金和项目积极推动工业燃料转换。具体包括：2021 年英国研究与创新署通过"工业战略挑战基金"分两阶段提供超 3 亿英镑在产业集群中研发和测试绿氢制备、集群内共享基础设施、氢燃料供应与 CCUS 项目部署（DBEIS，2021j）。2020 年 6 月 29 日，英国商业、能源和工业战略部宣布通过"工业能源转型基金"向 14 个能源密集型项目提供 1650 万英镑，用于开发新技术与新工艺，主要包括工业燃料转换、电气化、碳捕集和利用等（DBEIS，2021k）。资助内容包括：①通过前端工程设计流程进行糖厂深度脱碳处理，并减少多达 90% 的排放；②排气窑热转换和烘干砖瓦研究；③预制混凝土制造脱碳；④开发新工艺提高玻璃熔炉效率；⑤熔炉废气废热回收；⑥炼油厂燃烧加热器的燃料转换；⑦造纸厂先进废热回收；⑧先进的低温碳捕集技术等。2021 年 3 月 3 日，英国商业、能源和工业战略部通过净零创新组合投资提供 1000 万英镑支持燃料转换技术和使能技术。燃料转换技术包括利用电气化、氢、生物质及废物等，扩大可持续来源的生物质原料和能源作物的生产。使能技术包括燃料转换、运输和储存（DBEIS，20211）。2021 年 5 月 24 日，英国宣布投资 1.66 亿英镑支持绿色技术研究，其中 6000 万英镑用于支持英国低碳氢气的发展，应用场景从火车和轮船等交通工具到工厂和家庭供暖系统，资助方向包括低碳氢生产、零碳氢生产、氢储存与分配及零碳氢供应解决方案等（DBEIS，2021m）。2021年10月11日，英国商业、能源和工业战略部净零创新组合投资启动5500万英镑的工业燃料转换竞赛项目，资助年限为2021~2025年，支持技术成熟度为4~7级的燃料转换技术的创新，帮助工业从高碳燃料向低碳燃料转变（DBEIS，2021n）。主要包括：①氢气技术。试验燃料将从高碳燃料（如天然气）转换为氢气；开发和测试工业氢容器（如氢锅炉或熔炉）；氢利用（如钢铁制造）；为工业用地开发和测试现场储氢解决方案。②低碳电力技术。开发和测试工业电器（如电锅炉、窑炉等）；开发和测试微波、红外或感应加热系统；支持燃料转换到可再生电力的存储设备；开发和试用工业热泵。③生物质、废物和其他技术。开发具有可持续来源的生物质或者废料；具有可持续来源的生物质与CCUS的结合使用等。

德国：联邦教育与研究部2021年1月投资7亿欧元支持三个氢能重点研究项目，以期解决德国发展氢能经济过程中的技术障碍，落实《国家氢能战略》。这也是该部门在德国能源转型领域迄今投入最大的资助计划（FMEAE，2021a）。H2Giga、H2Mare和TransHyDE三个项目分别探索解决电解槽批量生产、海上风能制氢和氢气安全运输问题。2021年7月29日，德国为法国液化空气公司的绿氢生产项目提供1090万欧元资金，用于建造一台20MW的电解槽，连接到液化空气公司现有的氢气管道基础设施中，为德国关键行业提供绿氢。该项目是德国第一个从《国家氢能战略》下的经济刺激计划获得资金的项目，也是德国第一个在气候政策和工业方面展示绿氢潜力的大型工业项目（FMEAE，2021b）。

欧盟：2020年7月3日，作为世界上最大的创新低碳技术示范项目之一，欧盟"创新基金"（Innovation Fund）首次征集提案，呼吁为清洁技术大型项目（如清洁氢、其他低碳解决方案、储能、电网解决方案及碳捕集与封存等）提供 10 亿欧元的赠款（European Commission，2020d），为新技术规模化和商业化提供支持。对于尚未投入市场但有前景的项目，将单独拨款 800 万欧元作为开发援助。2021 年 6 月 6 日，欧盟委员会通过了"地平线欧洲"2021~2022 年主要工作计划（European Commission，2021c），明确了两年的研发目标和具体主题。其中在 2021 年和 2022 年分别投资 3000 万欧元和 1800 万欧元用于工业领域，拟资助主题包括：①90~160℃供热升级系统的全规模示范，利用可再生能源、环境热或工业废热为各种工业过程供热；②基于有机朗肯循环的工业废热发电技术；③150~250℃供热升级系统的开发和试点示范，利用可再生能源、环境热或工业废热为各种工业过程供热；④开发工业高温储热技术。2021 年 7 月 27 日，欧盟委员会在"创新基金"资助框架下投入 1.22 亿欧元（European Commission，2021d），支持推进低碳能源技术商业化发展。其中，1.18 亿欧元用于资助 14 个成员方的 32 个低碳技术小型创新项目，支持能源密集型工业脱碳、氢能、储能、碳捕集和可再生能源等领域创新技术的迅速部署，涉及行业包括炼油、钢铁、造纸、玻璃、食品、电力、交通等。另外，440 万欧元将支持 10 个成员方的 15 个技术成熟度较低的低碳项目，包括可再生能源、绿氢生产、零碳交通、储能、碳捕集等，旨在推进其技术成熟以在未来获得"创新基金"的进一步支持。

4.1.2　绿色冶金工业过程

1）战略部署

美国：美国能源部于 2021 年 7 月开始资助筹建工业脱碳领域新研究所，它将公共和私人合作伙伴及技术开发聚集在一起，以在制造业中创造持久的变革。聚焦工业加工电气化和金属工业脱碳主题，包括脱碳制造工艺、提高合金性能及加速技术采用（DOE，2021l）。

英国：2021 年在《工业脱碳战略》（DBEIS，2021i）中提出铁矿石电解等新工艺、CCUS 等技术可能为"绿色钢铁"提供解决方案。2021 年 8 月，英国商业、能源和工业战略部相继推出未来产业计划（Industry of Future Programme，IFP）（DBEIS，2021o）和第三阶段工业能效加速器（Industrial Energy Efficiency Accelerator，IEEA）计划（DBEIS，2021p）以加快脱碳。作为净零创新组合投资的一部分，IFP 将与产业界共同商定解决方案，为包括数据中心等一系列产业、多达 40 个工业场所定制 2050 年脱碳路线图，包括最佳燃料转换方案、潜在的工艺变革、工业设备改造升级等。第三阶段 IEEA 计划将提供约 800 万英镑资助，以支持减排创新技术的开发和工业规模示范。

德国：2020 年 6 月 10 日，德国发布《国家氢能战略》（FMEAE，2020a），提出钢铁行业氢还原铁替代高炉工艺的目标。2020 年 7 月德国联邦政府批准了"钢铁行动概念"的战略（FMEAE，2020b），列举了钢铁生产向气候友好型结构转变的举措，提出了逐步实现使用氢还原铁矿石替代焦煤炼钢的目标，将绿氢作为长期替代的燃料，并使用碳捕集和利用技术。

法国：2020 年 9 月 8 日，法国生态转型与团结部发布《国家氢能战略》（MEST，2021），计划到 2030 年投入 70 亿欧元发展氢能，促进工业和交通等部门脱碳。其中，为促进工业脱碳，将投资约 18.36 亿欧元打造法国电解制氢行业，促进氢在炼油、化工（生产氨和甲醇等）行业的使用。2021 年 1 月 8 日，法国政府启动第四期未来投资计划（TFG，2021），将在 2021～2025 年投入 200 亿欧元支持研究和创新，其中 125 亿欧元用于 15 个国家战略的定向创新。将启动的工业脱碳战略，重点在于提高生产工艺的能源效率；发展热脱碳等工业脱碳技术；推广脱碳工艺和碳捕集、利用与封存。

2021 年 5 月 21 日，法国工业委员会公布《脱碳：2030 年采矿和冶金行业的路线图》（TEICSFMM，2021），提出钢铁行业在 2030 年碳排放量将比2015年减少31%，并通过提高钢铁回收利用、减少高炉煤炭使用、采用绿色高炉、氢还原铁等减排技术实现其减排目标，2030年后可通过用氢或电解工艺还原铁矿石；铝行业在2030年碳排放量将比2015年减少5%~9%，并通过改进关键过程以减少阳极效应、铝回收利用、电气化等减排技术实现其减排目标，2030年后可通过碳捕集、利用与封存，惰性阳极技术，完全电气化等技术实现行业脱碳。

欧盟：2021年10月，欧洲过程工业协会发布了工业加工领域的《战略研究与创新议程》（Processes4Planet，2021），其中提出了钢铁和有色金属行业的减排措施。钢铁：①到2030年，生物煤和氢气可用于替代现有综合钢铁生产中的化石煤，从而减少高炉/转炉路线30%的碳排放量。②2030年后，氢基直接还原铁实现了无温室气体排放的炼钢，与沼气结合使用时，可在2050年完全消除190 Mt CO_2的直接排放。基于铁浴熔炼的新炼铁技术产生纯 CO_2 流，可作为二次资源或与CCS 结合使用。可再生能源（沼气和电力）可用于精加工和其他小型作业。③废钢循环利用。有色金属：①转向无温室气体排放的电力将减少大部分碳排放（20 Mt CO_2）。②到2030年，化石燃料排放（10 Mt CO_2）方面可以通过提高能源效率和使用生物甲烷气来减少温室气体排放。2030年后，氢气可以用来替代天然气，2040年后加热器的电气化成为可能。③过程 CO_2 排放量（5 Mt CO_2）可以通过使用惰性阴极或生物煤阴极来减少。④有色金属循环利用。

日本：2020年1月21日，日本政府颁布了《革新环境技术创新战略》（Cabinet Office，Government of Japan，2020），其中提出要通过氢还原炼钢技术实现"零碳钢"。2020年12月25日，日本发布《2050碳中和绿色增长战略》（METI，2020），针对海上风电、氨气燃料、氢能等14个产业提出了具体发展目标和重点发展任务，并设立2万亿日元"绿色创新基金"以支持相关技术发展。其提出氢还原炼钢到2030年实现技术成熟，2040年开始部署。

2）项目资助

美国：为帮助国家实现温室气体（GHG）净零排放的目标，美国国家科学基金会（NSF）鼓励科学和工程界开展具有前瞻性的研究（DOE，2021m）。潜在主题包括：①绿色化学、制冷剂和先进制造；可持续材料和系统的开发与使用；有针对性地开发新的诊断方法及基础原子和分子数据的必要数据库；可持续性的分子和细胞策略，如发展循环生物经济。②海水淡化、水泥制造和金属生产（如精炼和冶炼）等主要耗能技术的创新；通过改变加工、使用数据分析和接近最终的成型制造，减少能源使用并提高制造中的能源效率。③开发技术先进、具有经济竞争力、环境友好的方法，包括生物采矿，以可持续勘探、开发和利用与清洁能源系统相关的关键矿物和地质材料；了解地热过程和演化及其对自然和人为变化的反应。2021 年 11 月，NSF 研究与创新的新兴前沿计划（EFRI）提出资助三个工程领域重点方向，其中包括关键矿物、金属和元素的可持续回收与供应。ELiS（engineered living systems）研究项目有可能通过整合活细胞、有机体，将植物和纳米生物杂种转化为能够执行现有工程系统无法完成的任务的系统，如自我复制、自我调节、自我修复和环境响应，重点关注可持续金属提取和资源回收的生物采矿。美国能源部发起了多年期 Better Plants 计划（DOE，2021n），与领先的制造商和水务公司合作，以提高工业部门的能源效率和竞争力。通过 Better Plants 计划，合作伙伴自愿设定一个具体目标，通常是在 10 年内将所有美国业务的能源强度降低 25%。美国能源部专家为合作企业提供生命周期分析、热电联产、工业供热、过程冷却、智能制造、能源管理工具开发等技术解决方案支持。

德国：早在 2016 年，德国联邦教育与研究部就部署了产学研合作的 Carbon2Chem 项目，执行周期为 10 年，总金额约为 6000 万欧元，是由蒂森克虏伯公司与德国弗劳恩霍夫协会、马克斯·普朗克学会及

15 个研究机构和工业伙伴合作的技术开发项目,旨在将钢铁生产的排放物(碳、氢、氮)用作化学品的原材料(Thyssenkrupp, 2021)。2018 年 9 月,Carbon2Chem 项目成功地将钢厂废气转化为合成燃料,生产出第一批甲醇;2019 年 1 月,成功利用钢厂废气生产氨。2021 年 1 月 1 日,德国联邦环境、自然保护与核安全部通过了"工业脱碳"资助方案(FMENCBNS, 2021)。该方案旨在帮助钢铁、水泥、石灰、化学品和有色金属等能源密集型部门减排。到 2024 年,该方案将总共提供约 20 亿欧元资助。优先资助事项包括:发展气候中性制造工艺取代高耗能制造工艺;发展基于电力的工艺创新和高效流程;集成生产流程和创新工艺。2021 年 5 月 6 日,德国联邦经济与能源部决定筹集至少 50 亿欧元用于 2022~2024 年钢铁行业的转型补贴。蒂森克虏伯和萨尔茨吉特等大型钢铁制造商将首次尝试用氢代替煤(FMEAE, 2021a)。德国五大钢铁集团的代表要求政府在第一阶段提供 150 亿~300 亿欧元的投资和补贴承诺,为此,他们将在 2030 年之前将 1/3 的钢铁生产转为绿色生产,每年降低 1700 万 t 的二氧化碳排放量。通过氢能欧洲共同利益重要项目(IPCEIs on hydrogen),截至 2021 年 9 月,德国获得 62 个氢项目超过 80 亿欧元赠款,侧重工业部门和交通部门的应用。在工业部门,已选出了 16 个项目,主要针对低碳钢生产和化工行业的必要转型,包括燃料转化、氢冶金等。

日本:2021 年 9 月 14 日,日本经济产业省发布"绿色创新基金"资助下的"氢还原炼钢"技术研发与应用计划(METI, 2021c)。其主要内容包括:①高炉氢还原技术:开发在高炉中用氢气还原铁矿石、将产生的二氧化碳转换为还原剂的技术,旨在实现高炉脱碳。②氢直接还原技术:开发用氢直接还原铁矿石和电弧炉去除杂质技术,旨在通过氢直接还原技术制备优质钢。目标是到 2030 年实现二氧化碳减排 50% 以上。该计划资助总额上限将高达 1935 亿日元。

4.1.3　提高工业能源和资源利用效率

美国：2021 年 2 月，美国能源部通过 ARPA-E 变革性能源技术解决方案提供 1 亿美元资助系列能源技术，其中包括提高工业效率并实现减排的材料技术（涉及玻璃、造纸、钢铁、水泥等），提高工业过程能源效率技术，热回收技术与相关设备及耐受极高温的材料，节能高效的先进制造等（DOE，2021c）。

英国：2021 年，英国通过净零创新组合投资和政府其他资金，拨款超 1.6 亿英镑支持物质回收及余热利用等项目（DBEIS，2021j）。其中 8000 万英镑资助技术：①开发由回收废料制造的瓷砖釉料；②创造具有成本效益的低碳混凝土制造解决方案；③开发全球首个可与燃烧化石燃料进行商业竞争的高温热泵等（DBEIS，2021i）。8600 万英镑资助范围：直接空气捕集、提高熔炼废金属和生产钢材过程中的能源效率、开发新工艺提高玻璃熔炉效率、熔炉废气废热回收、炼油厂燃烧加热器的燃料转换等技术。

2021 年 9 月 22 日，英国商业、能源和工业战略部决定投资 2.2 亿英镑，帮助英格兰、威尔士和北爱尔兰的高能耗企业进行工业流程改造，提高能源效率，减少碳排放。重点支持碳捕集和余热回收技术的项目部署，旨在减少化石燃料的使用（DBEIS，2021j）。

欧盟：2021 年 6 月 1 日，欧盟资助的"超临界 CO_2 循环运行环境示范以评估工业废热利用"项目（ CO_2 OLHEAT）正式启动（ CO_2 OLHEAT，2021）。该项目由欧盟"地平线 2020"框架计划资助，总预算约 1880 万欧元（其中欧盟资助 1400 万欧元），项目执行期 4 年，将在真实工业环境中示范通过超临界 CO_2 循环利用工业废热发电，以支持工业脱碳。

日本：2020 年 12 月，日本新能源产业技术综合开发机构（NEDO）发布"能源/环境新技术领先研发计划"的研发主题

（NEDO，2020a）。其中在能量物质循环利用方面提出：①采用碳循环技术以开发与现有燃料相同成本的生物燃料和合成燃料；②开发金属/塑料等高效循环利用技术，开发废物循环利用资源化新技术；③扩大未用热和可再生能源的热利用，开发利用固-固相变潜热的蓄热材料及热管理技术，开发超小型全固态冷却元件和极低温固态冷却装置。

4.1.4 低碳水泥使用

法国：2021 年 5 月 19 日，法国生态转型与团结部、工业部和法国水泥工业联盟联合发布《脱碳：水泥行业路线图 2030—2050》（TEISFIC，2021），提出水泥行业计划到 2030 年排放量与 2015 年相比减少 24%，到 2050 年减少 80%。为实现这一目标，该行业将采用各种手段，如降低所生产水泥的熟料含量、替代水泥、生物质替代化石燃料、碳捕集、利用与封存。

英国：2021 年，英国在《工业脱碳战略》（DBEIS，2021i）中提出通过替代水泥和再制造支持产品创新。

欧盟：2021 年 10 月，欧洲过程工业协会发布了工业加工领域的《战略研究与创新议程》（Processes4Planet，2021），其中提出了水泥行业的减排措施：①到 2030 年，水泥行业可以通过转向替代性生物能源和整合可再生能源，在一定程度上减少与燃料相关的直接排放量（41 Mt CO_2）。2030 年后，水泥窑的电加热可作为生物能源的替代选项。在接近 2050 年时，电化学选项也将变得可用。②到 2030 年，碳捕集可用于减少剩余的工艺排放（61 Mt CO_2）。③到 2030 年可将废混凝土循环利用，以减少碳排放。④水泥行业正在开发新的水泥基材料，以取代熟料，从而减少工艺排放。2020 年 10 月 14 日，欧盟委员会发布《化工产品可持续发展战略》（European Commission，2021e），提出研究、开发和部署低碳与低环境影响的化学品和材料生产工艺。

日本：2020 年 6 月 18 日，NEDO 宣布投资 16.5 亿日元用以支持碳循环型水泥制造工艺技术开发（NEDO，2020b）。研究开发项目包括：①水泥窑尾气 CO_2 分离/回收试点示范；②资源再循环利用（通过回收水泥废料如废弃混凝土、预拌混凝土污泥等，减少 CO_2 排放）和固定 CO_2 的水泥制品研究。

4.1.5 可持续绿色化学品与材料

法国：2021 年 5 月 7 日，法国政府公布了《化工行业的脱碳路线图》（CSFCME，2021），提出到 2030 年法国化学行业的温室气体排放量将比 2015 年减少 26%，并提出通过提高能源效率，热生产的低碳化，低碳氢，二氧化碳捕集、利用与封存，电气化，双极膜，较低温度反应的新催化剂等技术实现化工行业脱碳。

欧盟：2020 年 10 月 14 日，欧盟委员会发布《化工产品可持续发展战略》（European Commission，2021e），提出研究、开发和部署低碳与低环境影响的化学品和材料生产工艺，可再生氢、可持续生产的生物甲烷等燃料及数字化技术将发挥重要作用。2021 年 10 月 1 日，欧盟启动 $PyroCO_2$ 创新项目（SINTEF，2021），该项目预算为 4400 万欧元，为期 5 年，最终目标是建设和运营一个每年能够捕集 10 000t 工业二氧化碳的设施，并将其用于生产化学品。$PyroCO_2$ 将为碳捕集与利用建立一个创新平台，利用新的生物技术方法将工业二氧化碳转化为化合物，并进一步催化转化为增值化学品和日用品。

日本：2020 年 1 月 21 日，日本在《革新环境技术创新战略》（Cabinet Office，Government of Japan，2020）中提出 CO_2 循环利用目标：①以到 2050 年 CO_2 分离捕集成本 1000 日元/tCO_2 为目标进行技术开发，推动燃烧后固体吸收材料和燃烧前分离膜技术研究。②CO_2 循环利用，发展生物燃料、合成燃料、化学品、低成本甲烷技术、以 CO_2 为原料的水泥生产工艺。2020 年 12 月 25 日，日本发布《2050 碳中和绿色增长战略》（METI，2020），提出在碳循环产业发展碳回收和资源化利用技术，到 2030 年实现 CO_2 回收制燃料的价格与传统燃料相当，到 2050 年实现 CO_2 制塑料与现有的塑料制品价格相同的目标。重点任务包括：发展将 CO_2 封存进混凝土技术；发展 CO_2 氧化还原制燃料技术，实现 2030 年 100 日元/L 目标；发展 CO_2 还原制备高价值化学品技术，到 2050 年实现与现有塑料相当的价格竞争力；研发先进高效低成本的 CO_2 分离和回收技术，到 2050 年实现大气中直接回收 CO_2 技术的商用。日本将 CCUS 技术视为日本实现脱碳社会目标的关键技术，2019 年 6 月，日本制定了《碳循环利用技术路线图》，设定了碳循环利用技术的发展路径，并于 2021 年 7 月进行了修订，以加快 CCUS 技术战略部署的脚步（METI，2021f）。技术路线图将 CO_2 利用的主要领域之一定位于化学品方向，包括：聚碳酸酯、聚氨酯等含氧化合物，生物质衍生化学品，烯烃、苯、甲苯、二甲苯等化工原料。

4.1.6 工业 CCUS 大规模部署

1）战略部署

美国十分重视 CCUS 技术的推动，从立法、财税、项目示范等多方面保障 CCUS 技术发展。美国目前是 CCUS 示范项目数量最多的国家，应用的工业部门多样，如天然气、石化工厂及钢铁厂等。美国能源部制定了多年期"碳捕集、利用与封存研发与示范计划"。2020 年该计划确定的研发重点主要包括：①碳捕集：专注于先进的溶剂、固体吸附剂、膜、混合系统和其他创新技术（如低温捕集系统），与当今发电厂的技术成本相比将碳捕集成本降低 33%，达到每吨 30 美元。研究多学科方法创新和创造新的捕集技术与系统。②碳利用：推动新的矿化、生物、物理和化学途径的研发，研究重点是降低成本和突破能源壁垒，使碳利用转化途径更具经济性（DOE，2020h）。2019 年年底，美国国家石油委员会（NPC，2019）发布了受美国能源部委托完成的《迎接双重挑战：碳捕集、利用与封存规模化部署路线图》报告，提出了未来25年内实现大规模部署 CCUS 技术的发展路线。针对碳捕集：①改进碳捕集技术以用于燃煤烟气、天然气烟气和工业 CO_2 排放源；②推进开发用于气体分离的溶剂、吸附剂、膜和低温工艺，以及开发新型的具备碳捕集功能的能量循环系统；③制定成本和性能基准并进行公开评估；④降低碳捕集的总体成本及资本、运营和维护成本；⑤提升碳捕集系统的运行灵活性以适应加速循环；⑥评估碳捕集技术以确定最具技术性和经济性的选择；⑦探索复合碳捕集系统的应用。针对碳利用：①研究热化学转化；②研究电化学和光化学转化；③研究碳化与水泥；④研究生物转化；⑤研究提高 CO_2 采收率技术、垂直和水平一致性控制及先进的非常规储层成分建模技术。

英国 2020 年以来陆续发布《绿色工业革命十点计划》《工业脱碳战略》《国家氢能战略》（DBEIS，2020，2021e，2021i）等涉及工业碳减排的重要战略。英国重视低碳氢、CCUS 及产业集群中规模化综合部署零碳解决方案；提出加大投资 CCUS，在 2023～2032 年减少 40 Mt CO_2 的排放，2021 年与工业界合作部署 CCUS 项目并制定收益机制；到 2030 年促进 CCUS 在 4 个产业集群的部署。

欧盟委员会 2019 年 12 月发布《欧洲绿色协议》（European Commission，2019），提出到 2030 年实现温室气体排放比 1990 年水平减少 50%～55%，到 2050 年实现气候中和的目标，并制定了能源、工业、建筑、交通、农业、生态和环境等领域的转型路径。其中提出在 2030 年之前在关键工业部门开发突破性技术的首批商业应用，优先领域包括清洁氢、燃料电池和其他替代燃料、能源储存及 CCUS。

2）项目资助

美国 2020 年以来由能源部陆续投资超过 3 亿美元促进工业 CCUS 技术研发和示范部署。具体包括：2020 年 4 月 24 日，美国能源部宣布资助 1.31 亿美元支持先进 CCUS 技术研发，旨在研发高性能、低成本的工业碳源捕集技术（DOE, 2020i）。项目类型涉及两个领域：①工业烟气中 CO_2 捕集技术的初步工程设计；②燃烧后 CO_2 捕集技术的工业规模示范。2020 年 9 月 1 日，美国能源部化石能源办公室宣布在 CCUS 计划下资助 7200 万美元支持 27 个碳捕集技术研发项目，旨在降低发电、工业领域化石能源使用产生的碳排放。资助项目聚焦两大主题领域：①煤/天然气烟气中碳捕集的工程规模测试及工业源碳捕集的初步工程设计；②直接空气碳捕集技术的创新研究和开发。2021 年 4 月 23 日，美国能源部宣布投入 7500 万美元推进天然气发电和工业部门变革性碳捕集研发（DOE, 2021o），将支持开发用于天然气联合循环（NGCC）发电厂和工业过程的低成本、高效、可扩展的碳捕集技术。用于工业过程的变革性燃烧后碳捕集的工程规模测试包括：设计、构建和测试变革性的燃烧后溶剂、吸附剂或膜捕集系统，以及新概念系统或复合系统，上述技术将在工业设施真实烟气条件下验证，捕集率和 CO_2 纯度均需超过 95%。其应用的工业部门包括炼油、化工生产（氨和石化）、矿物生产（水泥和石灰）、天然气加工和钢铁生产。碳捕集系统前端工程设计领域将为商业规模碳捕集项目完成前端工程设计研究，这些项目将捕集工业设施或 NGCC 发电厂碳排放总量的 95%。先进的碳捕集系统（技术成熟度达到 6 级或以上）需从工业设施中每年分离超过 10 万 t CO_2，或从 NGCC 发电厂每年分离超过 50 万 t CO_2，并用于地质封存。该主题包括两个子领域：现有（改造）工业设施碳捕集系统前端工程设计研究；现有（改造）NGCC 发电厂碳捕集系统前端工程设计研究。2021 年 10 月 6 日，美国能源部宣布为 12 个项目资助 4500 万美元，以推进点源 CCS 技术发展（DOE, 2021p），这些技术能够捕集天然气、电力及生产水泥和钢铁等大宗商品的工业设施产生的 95% 的 CO_2。12 个项目主要涉及三个领域：①碳捕集研究和开发；②碳捕集技术的工程规模测试；③碳捕集系统的工程设计研究。

英国 2021 年 5 月宣布投资 1.66 亿英镑支持绿色技术研究（净零

创新组合投资 8600 万）（DBEIS，2021m），包括开发碳捕集、温室气体去除和氢能技术，寻找英国的污染行业（包括制造业、钢铁、能源和废物）脱碳的解决方案。具体包括：投资 2000 万英镑用于支持下一代 CCUS 技术的发展，旨在将 CCUS 的适用性扩展到更大范围的工业化学品和水泥等用途，降低部署 CCUS 的成本，以便到 2030 年实现大规模部署；投资 2000 万英镑用于建立一个虚拟工业脱碳研究和创新中心，加速关键能源密集型产业的脱碳，提供降低成本、风险和排放的解决方案，该中心将与 140 多个合作伙伴合作，共同为工业脱碳而努力。

欧盟委员会 2021 年 6 月通过了"地平线欧洲" 2021～2022 年主要工作计划（European Commission，2021c），明确了两年的研发目标和具体主题。其中在 2021 年和 2022 年分别投资 3200 万欧元和 5800 万欧元用于 CCUS 领域技术研发。拟资助主题包括：①将 CCUS 集成至工业枢纽或集群，并开展知识共享活动；②通过新技术或改进技术降低碳捕集成本；③通过 CCUS 进行工业脱碳。2020 年 7 月 3 日欧盟"创新基金"首次征集提案，呼吁为清洁技术大型项目（如清洁氢、其他低碳解决方案、储能、电网解决方案及碳捕集与封存等）提供 10 亿欧元的赠款（European Commission，2020d），以帮助它们克服与商业化和大规模示范相关的风险，为新技术推向市场提供支持。对于尚未投入市场但有前景的项目，将单独拨款 800 万欧元作为开发援助。2021 年 7 月 27 日，欧盟委员会在"创新基金"资助框架下投入 1.22 亿欧元（European Commission，2021d），支持推进低碳能源技术商业化发展。其中，1.18 亿欧元用于资助 14 个成员方的 32 个低碳技术小型创新项目，支持能源密集型工业脱碳、氢能、储能、碳捕集和可再生能源等领域创新技术的迅速部署，涉及行业包括炼油、钢铁、造纸、玻璃、食品、电力、交通等。另外 440 万欧元将支持 10 个成员方的 15 个技术成熟度较低的低碳项目，包括可再生能源、绿氢生产、零碳交通、储能、碳捕集等，旨在推进其技术成熟以在未来获得"创新基金"的进一步支持。

4.2 重大科技与工程问题

4.2.1 工业燃料、原料低碳化或零碳化

目前许多工业过程中使用的高温热量主要是通过燃烧化石燃料产生的，高温热量的电气化会带来成本和技术障碍，并且可能需要对工业过程进行重大调整。目前需要突破提供高温热量的低碳选择问题。2021 年，英国皇家学会发布碳中和 12 个重大科学技术问题（The Royal Society，2021a），低碳供热和制冷是其中之一。国际能源署《2020 年能源技术展望》（IEA，2021b）指出，在碳净零排放情景下，低碳电力、氢和氢基燃料、生物质燃料将提供 70% 以上的终端能源需求。2021 年 10 月，欧洲过程工业协会《战略研究与创新议程》（Processes4Planet，2021）指出，生物煤、氢、可再生能源是工业燃料转换的重要途径。2021 年英国《工业脱碳战略》和《国家氢能战略》、德国《国家氢能战略》均提出采用从化石燃料到氢、电或生物质等低碳替代品的工业燃料转换（DBEIS，2021e，2021i；FMEAE，2020a）。

工业低碳或零碳燃料替代都面临应用、设备、规模化等诸多方面的问题和挑战，以及实现净零生命周期排放的成本问题。需要进一步的研究、开发、示范和部署，以确定氢、氨、生物质等在实践中可以产生重大影响的领域。与化石能源相关技术相比，低碳燃料技术还处于起步阶段，需要大量的示范和部署来测试其成本效益。关键领域包括：热泵、电加热器、区域系统、可再生能源供热和氢气。该方向涉及的主要科技与工程问题包括：电气化、氢、生物质或废物等低碳、零碳替代燃料工业规模化应用涉及的设备、转换、运输和储存等整套解决方案；工业氢容器（如氢锅炉或熔炉）及工业电器（如电锅炉、窑炉等）的开发和测试；氢和氨在钢铁、化工行业的原料替代；降低

不同工业终端应用的低碳制氢成本；提高大规模部署技术的可靠性；具有可持续来源的生物质开发等。

4.2.2 绿色冶金工业过程

绿色冶金工业过程涉及多种途径的冶金工艺流程再造。主要科技与工程问题包括：可持续、环境友好的金属精炼和冶炼的创新工艺开发，如湿法冶金、生物冶金及其颠覆性工艺流程再造；研发基于氢气和绿色电力的钢铁生产工艺；推进"直接还原-电炉"短流程新冶金技术体系，深度融合 CO_2 低成本捕集、合成化学品等减排技术的钢化联产工艺。

在钢铁行业，2020 年以来，国际能源署（IEA，2021c）、欧洲钢铁技术平台（ESTEP）（ESTEP，2020）、气候行动 100+（Climate Action 100+）和气候变化机构投资者小组（CA-IIGCC，2021）、落基山研究所（2021）等国际组织与智库均对行业碳减排开展了技术评估和预测，归纳出需突破的关键技术包括：基于氢气和绿色电力的钢铁生产工艺、智能碳利用过程集成（SCU-PI）、钢化联产、增加废渣和废钢的回收再利用、电弧炉熔炼（直接还原铁和废钢）、碱性铁电解、与 CO_2 捕集和封存相结合的熔融还原过程、集成高炉废气的 CO_2 捕集和利用等多条技术路径及其组合。其中氢气直接还原和电弧炉熔炼被认为技术减排潜力最大且技术可用程度最高。目前零碳炼钢已在探索多条商业化技术路线，但仍存在商业规模化的问题。

4.2.3 提高工业能源和资源利用效率

工业能源和资源利用效率提升有助于经济地实现工业碳减排。2021 年，欧洲过程工业协会发布报告（EFFRA，2021）提出，储能和能源收集/回收的智能机电系统、设备与组件有助于减少能源消耗；数据分析、人工智能、机器学习和数字平台的部署，用于数据管理和共享、能源消耗预测与优化规划，可有效减少能源浪费。

欧盟《新工业战略》致力于打造数字化、绿色欧洲工业，英国《绿色工业革命十点计划》《工业脱碳战略》（DBEIS，2020，2021i）等均提出发展工业数字技术以提高工业效率。其中包括数字孪生、机器人、新型传感器、数字创新、增材制造等。向循环经济模式过渡也可大幅提高工业能源和资源利用效率。英国《工业脱碳战略》、日本《2050 碳中和绿色增长战略》（METI，2020）、欧洲过程工业协会《战略研究与创新议程》（Processes4Planet，2021）等提出，在钢铁、有色金属、水泥、化工等多个行业应加强资源的循环利用，如废钢、有色金属、化学制品、废混凝土等的循环利用。关键科学和工程问题包括：储能和能源收集/回收的智能机电系统、设备与组件的开发；数据分析、人工智能、机器学习和数字平台的高效部署，推进利用数字技术增强材料开发和产品设计，优化制造工艺流程及管理，如高性能计算、增材制造等的能效优化和产品设计；改进工业的余热回收和再利用；开发金属高效回收技术（如电弧炉回收废钢）；加强资源的全生命周期管理与利用。

4.2.4 低碳水泥使用

水泥是构成城市建筑的代表性原材料，主要用作混凝土中的黏合剂。水泥制造是一个非常复杂的过程，其熟料生产阶段的二氧化碳排放约占水泥生产全生命周期的 95%（MEST，2021）。减少石灰石的用量和高温煅烧过程中化石燃料的燃烧是水泥生产过程中减少二氧化碳排放的主要路径。2020 年日本在《2050 碳中和绿色增长战略》（METI，2020）中提出开发二氧化碳封存在混凝土中的技术。全球水泥和混凝土协会（GCCA，2021）、美国波兰特水泥协会（ACM，2021）、欧洲水泥协会（ECA，2020）、英国混凝土矿物制品协会

（MPA，2020）、德国智库 A&E（Agora Energiewende，2021）等行业协会和智库制定的行业减排路线图中提出的低碳水泥关键技术包括：用粉煤灰、煅烧黏土、高炉渣粉及其他低碳原料替代熟料；减少化石燃料和增加使用替代燃料，如生物能源、氢能等；提高能源效率；采用碳捕集、利用与封存技术；提高混凝土生产效率，如优化混合设计、优化成分、工业化生产等；黏合剂替代等。

低碳水泥虽然能够实现水泥生产过程中的脱碳，但考虑减排成本和资源稀缺性，其面临的主要科技与工程问题包括：减少所用矿物原料的碳含量，发展低钙熟料水泥、非碳酸盐钙质原料替代技术等；减少水泥生产过程中产生的工艺排放，利用非钙体系胶凝材料等颠覆性技术重构水泥生产工艺；提高建筑及基础设施中混凝土的有效使用率，采用木材及其他建筑材料替代水泥、回收水泥、回收混凝土并经处理后再利用，开发使用水泥用量较低的新型混凝土产品等。

4.2.5 可持续绿色化学品与材料

在化工行业，通过改用低碳燃料、提高能源效率和使用催化剂来减少一氧化二氮的排放，已经实现了可观的排放强度降低。例如，欧洲化工行业的能源强度自 1991 年以来下降了 55%。然而，为了实现气候目标所要求的绝对温室气体减排，需要研发新的化学品生产技术。

德国《欧洲气候中和工业的突破性战略》报告（Agora Energiewende，2021）提出以下化工领域关键减排环节：热电联产产生的热量和蒸汽、热电联产工厂的 CO_2 捕集、来自可再生能源的绿氢、甲醇制烯烃/芳烃路线、化学回收（废弃塑料的热解或气化）、电动蒸汽装置。欧洲过程工业协会《战略研究与创新议程》（Processes4Planet，2021）指出，到 2030 年，天然气可被生物甲烷气替代，用于热处理。电力可通过热泵产生低温热能，取代燃气锅炉（2030 年减少 1 Mt CO_2）。新催化剂、工艺优化和数字化带来的能源效率改进可以进一步减少排放。2030 年后，可利用绿氢替代灰氢。到 2050 年，将 CO_2 和 CO 作为原料用于生产聚合物、化学品；废物循环利用。

归纳主要科技与工程问题包括：突破新的分子炼油与分子转化平台技术，推进化工转化以油品为主向高附加值的化学品、材料转型。结合 CCUS 的热电联产技术。研发适应零排放电力的新化工设备、新型高效催化剂系统和分离技术；研究可再生能源/氢与重要化工和化学品生产过程的深度耦合途径，发展全流程可再生能源驱动合成甲醇、氨、烯烃及芳烃等平台化合物，促进高效转化利用非化石资源的可再生碳资源（CO_2 和生物质）。

4.2.6 工业 CCUS 大规模部署

"过程"或"原料"排放直接来自工业过程，对于这部分碳排放，CCUS 可能是最后一道防线。CCS 已经过全球工业规模验证，是一种可靠、安全且可验证的碳封存方法，至少可封存 10 000 年。但目前 CCS 建设速度太慢，无法满足所需规模。全球碳捕集能力约为 4000 万 $t CO_2/a$，其中只有 25% 被地质封存以缓解气候变化，需要加快部署来加速降低成本和扩大技术规模。随着 CCS 部署经验的积累，建立具备多个碳捕集站点的集群，通过共享管道或运输将 CO_2 输送到共享封存地，是一种共享和降低单位成本的方法。目前正在建设和规划此类 CCS 项目。对新型捕集技术的研究有望在未来降低成本，但可能需要几十年才能商业化。CO_2 去除技术，包括负排放技术，如带有碳封存的直接空气碳捕集（DACCS），有助于在 21 世纪中叶实现广泛认可的碳净零排放目标。一些发达国家如美国可以通过补贴或实施碳税来鼓励 CCS 技术发展。碳利用在全球受到广泛关注，如日本十分重视发展碳循环产业。工业 CCUS 存在的主要问题和挑战包括：①如何更好地降低 CO_2 捕集成本、提高捕集率，包括研究创新吸附剂、捕集单元标准化、模块化等。②如何更好地与工艺工厂集成，扩大设施规模，产业集群 CCUS 基础设施共享等。③碳捕集系统的优化设计，包括设备尺寸、材料选择、工艺的复杂性及与基础设施的集成等。④更具经济性和潜力的碳利用途径。因此，工业 CCUS 需重点突破的科学和工程问题包括：高性能低成本工业碳源碳捕集系统工程化设计；用于工业过程的变革性燃烧后碳捕集的工程规模测试；产业集群 CCUS 基础设施共享设计；研发创新高效的捕集技术及开发更具潜力的碳利用途径等。

|第 5 章| 碳捕集、利用与封存的政策行动及科技问题

5.1 国际政策行动

5.1.1 低能耗、低成本碳捕集技术

2019 年 12 月，美国国家石油委员会（NPC，2019）发布《迎接双重挑战：碳捕集、利用与封存规模化部署路线图》报告，提出了在 25 年内实现大规模部署 CCUS 技术的发展路线，以及未来 10 年的研发资助建议。2020 年 8 月，美国能源部发布"碳捕集、利用与封存研发与示范计划"情况说明书，指出当前 CCUS 的研发重点是降低捕集成本，研发燃烧前、燃烧后和直接空气捕集相关技术，包括先进的溶剂、固体吸附剂、膜、混合系统和其他创新技术（如低温捕集系统）；碳利用方面，推动新的矿化、生物、物理和化学途径的研发；碳封存方面，提高对 CO_2 注入、流体流动和压力运移及各种地质地层中的地球化学影响的理解（DOE，2020h）。2020 年 12 月，美国发布《2020 能源法案》（GPO，2020），大幅提高 CCUS 的研发支持力度，将在 2021～2025 年提供超 60 亿美元的研发资金支持。2021 年 11 月 5 日，美国能源部宣布启动"负碳攻关计划"（DOE，2021q），通过研发使 CO_2 移除技术更具成本效益和可扩展性。该计划的目标是从空气中去除 10 亿 t CO_2，并将捕集和封存 CO_2 的成本降至 100 美元/t 以下。美

国能源部为促进 CCUS 技术发展提供了持续资金支持，且近 10 年 CCUS 研发投资逐年增长，其中 2020 年和 2021 年，美国能源部在 CCUS 上的预算分别高达 2.2 亿美元和 2.3 亿美元，如 2020 年 4 月，宣布资助 1.31 亿美元支持先进 CCUS 技术研发，旨在研发高性能、低成本的工业碳源捕集技术。2020 年 6 月 16 日，美国能源部化石能源办公室选择了 11 个项目，计划从联邦政府获得约 1700 万美元的资金，用于碳利用的研发项目（DOE，2020j）。2021 年 4 月，美国能源部宣布投入 7500 万美元推进天然气发电和工业部门变革性碳捕集研发（DOE，2021o）；2021 年 6～10 月相继宣布总额 5050 万美元的投资用以推进直接空中捕集技术研发（DOE，2021r，2021s，2021t）。

2019 年 12 月，欧盟委员会在《欧洲绿色协议》（European Commission，2019）中提出将 CCUS 纳入向气候中立过渡所需的技术，将其视为关键工业部门脱碳的优先领域之一。2020 年 7 月 8 日，欧盟委员会在《能源系统集成战略》（European Commission，2020c）中提出通过"创新基金"支持 CCUS 研发和示范。2021 年 2 月，欧盟委员会联合研究中心（JRC）发布《2020 年碳捕集、利用与封存技术发展报告》（ECJRC，2021），报告指出捕集技术正朝着更高的成熟度（technology readiness level，TRL）方向发展，但面临寄生功率损失、溶剂再生或捕集成本、恶劣条件下的材料优化、控制二氧化碳以外的排放（如胺降解）、灵活性和可操作性及示范等方面的挑战；在碳利用方面需要加强催化剂的研究以提高二氧化碳利用途径的效率，并评估二氧化碳利用过程对减缓气候变化的影响；在封存、运输和监测方面，主要研究封存效率、监测、地球化学性质、羽流与水界面等。

英国在《绿色工业革命十点计划》中提出了 CCUS 领域的目标：到 21 世纪 20 年代中期将有 2 个 CCUS 工业集群运行，到 2030 年再增加 2 个集群（DBEIS，2020）。2021 年 7 月，英国环境署发布了《燃烧后 CO_2 捕集的最佳可行技术指南》（UKEA，2021），介绍了相关技术的应用场景、使用条件、如何与热电联产设备整合、热电联产的设计与运行、设备的冷却与排水等技术规范，以及此技术对气候变化风险的适应性等内容。2021 年 10 月 19 日，英国商业、能源和工业战略部发布《净零战略》（DBEIS，2021q）和首个净零研究与创新框架（DBEIS，2021r），提出到 2030 年，至少投资 140 亿英镑部署 4 个 CCUS 产业集群，并在温室气体去除方面投资约 20 亿英镑，1 亿英镑用于进行温室气体去除技术的创新研究，如降低成本并提高溶剂的捕集性能和吸附工艺；开发燃烧过程中的低成本空气分离新技术；发展钙循环技术；减少捕集技术的附加载荷；提高 CO_2 捕集效率；研发一系列从空气或海洋捕集碳和温室气体直接去除的技术；探索部署生物能源和碳捕集与封存（BECCS）技术的路线；开发在产品或工艺中利用捕集的 CO_2 的经济方法等。

日本将 CCUS 技术视为日本实现脱碳社会目标的关键技术，2019 年 6 月，日本制定了《碳循环利用技术路线图》，设定了碳循环利用技术的发展路径，并于 2021 年 7 月进行了修订（METI，2021f），以加快 CCUS 技术战略部署的脚步。技术路线图将 CO_2 利用的主要领域定位于以下 4 个方向：化学品；燃料；矿物；其他负排放技术，如生物能源+CCS（BECCS）、海洋蓝碳固定 CO_2 技术、直接空气捕集技术（DAC）等。日本《2050 碳中和绿色增长战略》在碳循环产业提出发展碳回收和资源化利用技术，到 2030 年实现 CO_2 回收制燃料的价格与传统燃料相当，到 2050 年实现 CO_2 制塑料与现有的塑料制品价格相同的目标。重点任务包括：发展将 CO_2 封存进混凝土技术；发展 CO_2 氧化还原制燃料技术，实现 2030 年 100 日元/L 的目标；发展 CO_2 还原制备高价值化学品技术，到 2050 年实现与现有塑料相当的价格竞争力；研发先进高效低成本的 CO_2 分离和回收技术，到 2050 年实现大气中直接回收 CO_2 技术的商用。在技术研发方面，目前主要通过 NEDO 的碳捕集和下一代火力发电等技术开发计划（2016～2025 年）（NEITDO，2021e）、CCUS 研发/示范相关计划（2018～2026 年）（NEITDO，2021f）促进 CCUS 技术研发。

5.1.2 碳运输、地质利用及封存与碳循环利用

国际能源署相继发布的《CCUS 在低碳发电系统中的作用》（IEA，2020）和《2020 年能源技术展望》（IEA，2021b）均指出 CCUS 将是重点部门减排的关键技术之一，有助于实现碳净零排放；同时提出应大力推动创新发展，从而降低成本，最终确保 CCUS 大规模商业化。2021 年 3 月 29 日《CCS 的技术成熟度和成本》（GCCSI，2021）报告发表，概述了当前 CCS 的技术成熟度、影响 CCS 成本的关键因素和降低成本的方法。报告指出在碳捕集方面，要积极研发先进胺溶剂、固-液相变溶剂及强化快速循环 TSA、Allam 循环等下一代碳捕集技术；在碳运输方面，管道运输的成本要随规模和运输距离的增加而不断降低；在碳封存方面，目前地下注入、封存和监测的工作已启动，未来成本降低的驱动力将取决于封存地点、基础设施部署和技术进步，如设备的改进、数字化和自动化将进一步降低封存成本。

欧盟委员会 2021 年 6 月通过了"地平线欧洲" 2021~2022 年主要工作计划（EIC，2021），在碳捕集、利用与封存领域，在 2021 年和 2022 年分别提供 3200 万欧元和 5800 万欧元的资金资助，拟资助主题包括：将 CCUS 集成至工业枢纽或集群；通过新技术或改进技术降低碳捕集成本；通过 CCUS 进行工业脱碳；直接空气碳捕集和转化。2021 年 10 月，欧盟启动 $PyroCO_2$ 创新项目（SINTEF，2021），预算 4400 万欧元，为期 5 年，最终目标是建设和运营一个每年能够捕集 10 000t 工业二氧化碳的设施，并将其用于生产化学品。

2021 年 3 月，英国研究与创新署宣布在"工业战略挑战基金"支持下，通过"工业脱碳挑战"计划向 9 个项目投入 1.71 亿英镑（UKRI，2021b），旨在通过技术开发与部署，使至少一个英国工业集群到 2030 年实现大幅减排，并验证各项目所在地到 2040 年实现碳净零排放的可能性，以支持英国到 2050 年实现碳中和。此次资助包括 3

个海上 CCUS 项目及 6 个陆上碳捕集或氢燃料转换项目，将在英国最大的工业集群中进行部署和推广。2021 年 5 月，英国研究与创新署宣布通过战略重点基金（SPF）资助 3000 万英镑开展大气中去除二氧化碳的研究示范（UKRI，2021c），主题包括加速泥炭形成、增强岩石风化、生物炭、可持续树景示范和决策工具、多年生生物质作物等。

5.2　重大科技与工程问题

5.2.1　低能耗、低成本碳捕集技术

目前碳捕集成本占了整个 CCUS 链成本的大部分，降低碳捕集成本成为近中期研发的重点，碳捕集系统的设备尺寸、材料选择、工艺的复杂性及其与基础设施的集成是影响碳捕集成本的几个关键技术因素，其面临的关键科学和工程问题包括：低能耗、低成本功能性捕集原理；二代、三代捕集技术，如二代吸附剂、固体吸附剂、化学链捕集技术、Allam 循环等；高效低能耗碳捕集材料；直接空气碳捕集等分布源捕集技术；碳捕集与能源、工业等领域系统的集成耦合等。

5.2.2　碳运输、地质利用及封存与碳循环利用

CO_2 运输与地质利用封存过程中的安全性是获得公众和社会对 CCUS 技术支持与认可的重要方面。在 CO_2 运输方面，重点研究 CO_2 净化、压缩、液化，自动化运维，运输安全性评价等关键问题。在 CO_2 地质利用与封存方面，重点研究强化采油，CO_2-水-岩作用定向干预及封存性能强化，强非均质场地表征、建模及封存模拟，地质封存监测控制和环境影响预测等关键问题。结合人工智能和机器学习的智能监测系统（IMS）是当前与未来碳封存的主要研究领域；提高封存量、

降低技术风险和不确定性及成本是未来发展方向。

碳循环利用是构建碳循环经济不可或缺的关键一环，CCUS 技术长期着眼于开发高效定向转化合成有机含氧化学品、油品新工艺，发展高效光/电解水与 CO_2 还原耦合的光/电能和化学能循环利用方法，实现碳循环利用。其面临的主要科学和工程问题包括：降低成本和突破能源壁垒，使碳利用转化途径更具经济性；热化学、电化学、光/光电化学转化机理研究；催化剂的多功能强化和再生、热质光电高效传输与耦合、新型反应器的设计方法、固液气三相生物过程调控、CO_2 矿物活化等。

|第6章| 生态增汇固碳的政策行动及科技问题

6.1 国际政策行动

6.1.1 陆地生态系统碳汇

基于自然的生态碳汇将为碳中和提供重要的支持，联合国等多个机构在全球范围内大力推动基于自然的解决方案与生态系统恢复等行动。2021 年 4 月，联合国环境规划署和联合国粮食及农业组织发布《生态系统恢复手册：治愈地球的实用指南》（UNEP and FAO，2021），介绍了可以实现减缓和制止生态系统退化并促进生态系统恢复的一系列行动。2021 年 11 月，联合国环境规划署与"全球泥炭地倡议"发布报告概述了保护泥炭地的经济和环境重要性（UNEP and GPI，2021），指出泥炭地的恢复可以实现每年减少 800 Mt CO_2 的温室气体排放。2020 年 12 月，世界可持续发展工商理事会发布的《森林可持续发展目标路线图实施报告》（WBCSD，2020）中，森林解决方案组成员分享了他们实施林业可持续发展目标路线图时所承诺的进展情况，并通过数据和实证，分析了森林与气候变化、缺水、生物多样性丧失等诸多环境发展问题的联系。

全球多国/组织积极出台相关的战略与行动计划，提出了保护与恢复陆地生态系统的愿景与框架。2021 年 7 月，欧盟委员会通过了《欧盟 2030 年森林新战略》（European Commission，2021f），重申了严格保护欧盟最后剩余的原始森林的必要性与承诺，为提高欧盟森林的数量和质量并加强其保护、恢复与复原力设定了愿景和具体行动。2021年 5 月，英国政府发布《英国泥炭行动计划》（GUK，2021a），作为即将实施的碳净零排放战略的一部分，制定了政府对泥炭地管理、保护和恢复的长期愿景。2021 年 5 月，英国政府发布《2021—2024 年英国树木行动计划》（GUK，2021b），制定了英国对整个树木景观——树木、林地和森林的长期愿景，为实施气候自然基金提供了一个战略框架。

多个国家和地区相继推出了重大行动，以增强陆地生态系统固碳增汇能力。2021 年 2 月，拉丁美洲和加勒比地区决定践行"联合国生态系统恢复十年"行动计划（UNEP，2021），这项区域性计划包含 10 项行动，以促进未来 10 年陆地、海洋和沿海生态系统的恢复。发达国家中英国与加拿大推出的行动措施较为密集。2021 年 7 月，英国政府启动了 8000 万英镑绿色恢复挑战基金（GUK，2021c），将为 90 个创新项目提供资助，种植近 100 万棵树，促进全国的自然恢复；2021 年8 月，英国研究与创新署宣布资助 1050 万英镑支持 6 个研究团队开发新的工具和方法（UKRI，2021d），帮助树木和林地适应气候变化，旨在使英国实现温室气体净零排放，提高人们对树木为人类和地球所做出的重要贡献的理解，并支持在英国扩展树木保护区。2021 年 7 月，加拿大环境与气候变化部宣布投资 2500 万加元，用于保护、恢复与治理大草原（Prairies）地区的湿地与草原（ECCC，2021）；2021 年 8月，加拿大政府启动了自然智能气候解决方案基金（GOC，2021），致力于使用基于自然的解决方案，支持湿地、泥炭地和草原恢复，帮助加拿大实现其 2030 年和 2050 年气候变化目标。

6.1.2 海洋碳汇

海洋负排放潜力巨大，是当前缓解气候变暖最具双赢性、最符合成本-效益原则的途径。2019 年 1 月，英国交通部发布《海事 2050 战略》（DFT，2019a），提出了英国 2050 年海洋环境的展望，详细阐述了到 2050 年实现零排放航运的愿景。英国在推动英国水域向零排放航运转型方面发挥了积极作用，其发展速度超过其他国家，也超过国际标准。2019 年 7 月，英国交通部发布《清洁海事计划》（DFT，2019b），阐述了英国政府向零排放航运转型的雄心。这是英国政府《海事 2050 战略》的环境路线图，也是《清洁空气战略》的一部分，确定了同时解决空气污染物和温室气体排放的方法，并确保英国的清洁增长机会。2021 年 6 月，世界自然基金会发布的报告《生命行星蓝图：海洋-气候综合战略四项基本原则》（Diz et al.，2021），分析了蓝碳栖息地在减缓和适应气候变化方面发挥的作用，以实现联合国可持续发展目标、《联合国气候变化框架公约》和《生物多样性公约》的目标。

针对海洋碳汇研究，2020 年 9 月，英国埃克塞特大学研究（Watson et al.，2020）指出，大多数海洋模型低估了海洋的碳吸收水平，在全世界范围内海洋吸收的碳比大多数科学模型所显示的要多，海洋作为碳汇吸收了因人类活动产生 CO_2 的 25% 左右。2020 年 10 月，世界资源研究所的相关研究（WRI，2020）提出了依靠海洋从大气中清除 CO_2 的三种手段，包括生物学手段、化学手段及电化学手段。生物学手段利用光合作用捕集 CO_2，化学手段主要通过向海洋添加不同类型的矿物质并与溶解的 CO_2 发生反应将其转化为溶解碳酸氢盐，电化学手段以溶解碳酸氢盐的形式存储碳。2021 年 8 月，环境正义基金会发布题为"蓝色跳动之心：应对气候危机的蓝碳解决方案"的报告（EJF，2021），指出政策制定者在很大程度上忽视了存储在红树林和海草等海洋生态系统中的碳，并针对不同的海洋生态系统提出了相应的蓝碳解决方案建议。针对欧盟蓝碳系统提出的整体建议指出，将海洋保护问题贯穿于"减碳55%"（"Fit for 55"）一揽子立法提案中；针对"海洋森林"提出的建议指出，海带、盐沼、海草草甸和红树林等海岸带"海洋森林"具有强大的碳吸收能力，这些蓝碳生态系统是全球变暖应对手段中基于自然的干预计划的关键要素；针对鲸类动物提出的建议指出，鲸类动物是维持海洋生态系统健康的核心物种，对海洋生物碳循环产生了积极影响；针对深海采矿提出的建议指出，深海作为碳汇在海洋中起着至关重要的作用，深海海底沉积物中掩埋的有机碳有助于调节大气中的二氧化碳，从而维持全球气候平衡。此处还指出除了深海沉积物中的碳掩埋，深海的生物多样性对于碳封存而言也至关重要。

2021年4月，澳大利亚政府宣布提供1亿澳元的投资（PMA，2021），用于海洋栖息地与沿海环境管理，并推动全球减排任务的实施，该投资计划将针对海草和红树林在内的蓝碳生态系统，这一生态系统在吸收大气中的碳方面发挥了关键作用。其中，近1900万澳元用于4个重大的地面项目，在全国范围内恢复沿海生态系统，包括潮汐沼泽、红树林和海草；1000万澳元用于提供3个重大的地面项目，以帮助大洋洲发展中国家恢复和保护其蓝碳生态系统。另外，澳大利亚政府还承诺提供5990万澳元，用于在印度洋-太平洋地区开发一项碳补偿计划，该计划将以政府成功实施的减排基金为模板，用于刺激对高质量项目的投资，从而满足《巴黎协定》提出的碳补偿要求。2021年8月，南澳大利亚地区政府宣布为恢复沿海湿地、提升南澳大利亚地区蓝碳封存能力和蓝碳知识提供近200万澳元的投资（DEW，2021）。蓝碳生境的碳捕集速度是陆地森林的40倍。在不受干扰的情况下，这些生境能够封存大量的碳，从而缓解气候变化的影响。2021年8月，英国自然环境研究理事会与英国皇家财产局及英国环境、食品和农村事务部联合发起一项耗资700万英镑的研究计划（UKRI，2021e）。该计划被称为"生态风"（ECOWind），用以解决持续增长的海上风力发电场对海洋生态系统的影响问题。ECOWind 将与学术界、政府和企业团体形成长期的合作关系，并与"海上风力证据与变化计划"合作（英国皇家财产局在 2021～2025 年资助 2500 万英镑），促进海上风力的可持续和协调发展，帮助英国实现低碳能源转型的承诺，并推动向清洁、健康、多产和生物多样化的海洋发展。

6.2 重大科技与工程问题

6.2.1 陆地生态系统碳汇

陆地生态系统碳汇技术需要攻克一系列前沿热点问题。不同研究者使用不同模型和方法得到的碳汇数据存在巨大的差异，这表明目前技术对碳汇的测算存在很大的不确定性。此外，由于生态系统之间的异质性，协调解决不同研究结果之间的矛盾具有挑战性。解决这种差异既需要在采样相对不足的地区开展更多的实地观测，也需要继续投资于天基卫星观测以提升区域碳吸收变化的监测能力（Kaushik et al.，2020）。需要重点研究森林、草原、湿地、农田、海洋、土壤等生态碳汇的关键影响因素和演化规律，开展森林绿碳、海洋蓝碳、生态保护与修复等稳碳增汇技术研究，建立生态碳储量核算、碳汇能力提升潜力评估等方法，挖掘生态系统碳汇潜力（科技部，2021；张守攻，2021）。

当前陆地生态系统的碳平衡从碳汇向碳源转变成为研究焦点。生态固碳的类型多样、过程复杂，碳循环中潜在的非线性、时间依赖性与状态依赖性的反馈和响应仍然难以预测，导致生态碳汇的测算存在巨大不确定性（蔡兆男等，2021）。研究表明，陆地生态系统碳汇能力的持久性在一定程度上取决于植物生物量与土壤有机碳存量对未来气候变化的响应，未来几十年内快速的全球变暖可能会将这些天然碳汇转变为碳源（Wang et al., 2020；Loisel et al., 2021；Qin et al., 2021），为应对气候变化带来巨大的挑战。研究陆地生态系统碳源/汇贡献及其不确定性，既是近年来全球变化领域研究的热点，又是当前国际社会广泛关注的焦点。

6.2.2 海洋碳汇

地球两极碳汇和碳源的角色转变日益受到关注。极地大陆架上蓝碳封存路径强劲，并随气候变化作用下的海冰流失而加剧，是气候变化最大的自然负反馈。在南极地区季节性海冰和冰架流失及冰川退缩等对蓝碳的收益量影响显著（Barnes et al., 2021）。此外，海冰的季节性生长和破坏增加了南极周围海洋中的生物数量，这进一步减少了大气中的碳含量并将其存储在深海中（Fogwill et al., 2020）。在极地地区，地下水向海洋流动的过程中，会与深层土壤层和融化的永久冻土混合，溶解大量几千年前的土壤有机质和碳。陆海交界附近的永久冻土地下水中溶解的有机碳和氮的浓度比河流高出两个数量级（Connolly et al., 2020）。研究气候变暖下极地地区的碳汇及碳源变化问题将是未来气候变化模型开发的关键。

第 7 章 低碳社会转型的政策行动及科技问题

7.1 国际政策行动

7.1.1 低碳交通

2020 年 1 月，日本发布《环境创新战略》（GOJ，2020），提出绿色交通方式的重点技术包括燃料电池汽车（FCEV）系统和氢能交通基础设施（包括存储系统）建设；利用碳回收技术生产生物燃料和合成燃料的技术及其利用。2020 年 12 月，日本经济产业省发布《2050 碳中和绿色增长战略》，确定日本到 2050 年实现碳中和目标，构建"零碳社会"（METI，2020）。该战略旨在以低碳转型为契机，推动交通运输业、建筑业的电气化，明确提出汽车和蓄电池产业、船舶、交通物流产业、下一代住宅和商业建筑、航空、生活方式 6 个方面的发展目标与重点任务（METI，2021b）。针对汽车和蓄电池产业，战略提出将制定更加严格的车辆能效和燃油指标；加大电动汽车公共采购规模；扩大充电基础设施部署；出台燃油车换购电动汽车补贴措施；大力推进电化学电池、燃料电池和电驱动系统技术等领域的研发与供应链的构建；利用先进的通信技术发展网联自动驾驶汽车；推进降低碳中和替代燃料的研发成本；开发性能更优异但成本更低廉的新型电池技术。针对船舶产业，战略提出将促进面向近距离、小型船只的氢燃料电池系统和电推进系统的研发与普及；推进面向远距离、大型船只的氢、氨燃料发动机及附带的燃料罐、燃料供给系统的开发和实用化进程。针对航空产业，战略提出将开发先进的轻量化材料；开展混合动力飞机和纯电动飞机的技术研发、示范与部署；开展氢动力飞机技术研发、示范与部署；研发先进低成本、低排放的生物喷气燃料；发展回收二氧化碳并利用其与氢气合成航空燃料技术；加强与欧美厂商的合作，参与电动航空的国际标准制定（GBC，2020）。

美国《清洁能源革命和环境正义计划》提出加速电动汽车发展，到 2030 年年底部署超过 50 万个新的公共充电桩，并在 21 世纪全球汽车工业竞赛中拔得头筹；革新国家交通网络，加速交通领域清洁燃料动力转型，建立高质量、零排放公共交通覆盖网，研制新的航空可持续燃料；加大建筑物升级改造，改善建筑物能源效率，发展下一代建筑材料，实现到 2035 年将美国建筑物碳足迹减少 50%。在交通方面，2021 年 8 月 5 日，美国总统签署了加强美国在清洁汽车和卡车方面领导地位的行政命令（The White House，2021c），设定了到 2030 年电动汽车、氢燃料电池汽车和插电式混合动力汽车占美国汽车销量 50% 的目标，并要求相关部门制定 2027 年及以后的轻型、中型和部分重型车辆的多污染物排放与燃油经济性新标准；美国投入 1.62 亿美元支持推进汽车和卡车脱碳相关技术研发（DOE，2021u），旨在提高车辆效率并减少碳排放，以解决美国交通部门温室气体最大排放源的排放问题；美国能源部资助 6470 万美元研究低碳替代燃料（DOE，2021v），助力飞机和船舶等重型运输部门脱碳。

欧盟发布的《可持续和智能交通战略》提出对交通系统和基础设施进行数字化与智能化改造，到 2030 年零排放汽车保有量至少达 3000 万辆，到 2035 年零排放大型飞机实现商业化，到 2050 年几乎所有的汽车、货车、公共汽车及新型重型车辆实现零排放；加快可再生和低碳燃料基础设施建设，到 2030 年安装 300 万个电动汽车公共充电端口和 1000 个加氢站。"地平线欧洲"研发框架计划设立了交通、建筑相关资助主题（EIC, 2021），在交通方面，重点资助零排放道路交通（2021 年、2022 年预算分别为 9400 万欧元和 1.05 亿欧元）、航空（2021 年、2022 年预算分别为 5400 万欧元和 4500 万欧元）、水上运输（2021 年、2022 年预算分别为 9350 万欧元和 9600 万欧元）、交通环境影响（2021 年、2022 年预算分别为 1500 万欧元和 700 万欧元）、交叉创新及安全、弹性的运输和智能交通服务（2021 年、2022 年预算分别为 5400 万欧元和 4500 万欧元）等；在建筑方面，重点资助"高能效和碳中和的欧洲现存建筑"，2021 年、2022 年预算分别为 7400 万欧元和 1.22 亿欧元。

英国《绿色工业革命十点计划》系统性提出发展计划："加速向零排放汽车转型"，提出到 2030 年（比原计划提前 10 年）禁售新的燃油车，到 2035 年禁售混合动力汽车；"绿色出行"将投资数百亿英镑推进铁路电气化，42 亿英镑用于城市公共交通，50 亿英镑用于公共汽车、自行车和步行；"航空和航运绿色清洁研发创新"将启动"净零飞行（Fly Zero）"计划、"可持续航空燃料（SAF）研发竞赛"及"清洁海事示范计划"等（DBEIS, 2020）。2021 年 7 月 14 日，英国交通部发布《交通脱碳计划》，提出到 2050 年实现所有交通方式脱碳的目标和路径，并制定了技术路线图（DFT, 2021b）。主要措施包括推广创新的交通零排放技术、加强电池技术创新、开发新型零碳飞机技术等，并将持续通过交通研究和创新委员会更新研究重点领域等。英国研究与创新署发布《航空业未来愿景与路线图》（UKRI, 2021f），计划投入 3 亿英镑资金，推动英国成为第三次航空革命的世界领导者。2021 年 1 月 27 日，英国商业、能源和工业战略部资助 8400 万英镑用于绿色航空革命技术研发（DBEIS, 2021s），包括开发用于区域航空旅行的创新液氢推进系统；扩大零排放发动机的规模；开发全电气化的零排放飞机推进系统。2021 年 8 月 18 日，英国商业、能源和工业战略部资助 9170 万英镑用于低碳汽车技术研发（DBEIS, 2021t），其中，2620 万英镑用于开发续航能力可与内燃机相媲美的电动汽车电池；

970 万英镑用于开发油电混合动力汽车的超快速充电电池；1460 万英镑用于开发新型零排放氢燃料发动机；4120 万英镑用于重新设计轻型和中型商用电动汽车。

德国"未来计划"进一步大力扶持对气候友好的电动汽车发展（FGG，2020），自 2021 年起两年内给汽车行业提供 20 亿欧元研发扶持资金，投资 25 亿欧元用于充电设施和电动交通、动力电池的研发，投资 12 亿欧元支持商用汽车、公共汽车和卡车的电动化，投资 20 亿欧元用于汽车生产商和供应商的技术创新等。

7.1.2 绿色建筑

2021 年 10 月 19 日，英国商业、能源和工业战略部发布《供热和建筑战略》（DBEIS，2021u），将提供 14.25 亿英镑用于公共部门脱碳计划；9.5 亿英镑用于家庭升级补助金；8 亿英镑用于社会住房脱碳基金；4.5 亿英镑用于锅炉升级计划；3.38 亿英镑用于热网改造计划。2021 年 5 月 28 日，英国资助 1460 万英镑用于供暖和制冷脱碳技术研发（UKRI，2021g），包括用于供暖和制冷脱碳的含水层热能存储技术研发；可持续、灵活和高效的地源采暖和制冷系统；矿山地热能和太阳能地热；从冷却到存储的灵活性技术研发；制冷和供暖的脱碳路径；可再生能源蓄热技术；用于家庭供暖脱碳的柔性空气源热泵研发；用于零碳热泵的热压材料；通过综合氢技术实现食品冷链脱碳；建筑领域脱碳的变温热化学储能系统和热网等。

2020 年 12 月，日本发布《2050 碳中和绿色增长战略》，针对下一代住宅、商业建筑，提出利用大数据、人工智能、物联网等技术实现对住宅和商业建筑用能的智慧化管理；建造零排放住宅和商业建筑；开发先进的节能建筑材料；加快钙钛矿太阳能电池在内的具有发展前景的下一代太阳能电池技术研发、示范和部署；加大太阳能建筑的部署规模，推进太阳能建筑一体化发展（METI，2021g）。

2020 年美国能源部资助 7400 万美元支持先进建筑节能技术研发（DOE，2021w），旨在研究、开发灵活高效的节能建筑和建筑系统技术；2021 年发布《国家电网交互式节能建筑路线图》（DOE，2021x），利用智能技术与分布式能源、节能建筑的结合，减少建筑部门碳足迹。2021 年 8 月 13 日，美国能源部宣布拨款 8260 万美元支持开发新的节能建筑技术和示范，并培训建筑行业从业者。研发主题包括：①开发一种有效储热的新型吸热材料；②开发一种比传统空调系统节能50%~85%、基于蒸发冷却并与除湿相结合的创新空调系统；③将设计和制造供超市使用的高效冷藏柜；④设计、制作原型及安装、测试和评估高性能住宅墙体改造（节能 30%）；⑤开发电气化建筑系统（如电热泵、热泵热水器、电动汽车充电系统和电池储能系统）方面的培训资源，提升行业从业者相关知识储备以更好地服务消费者（DOE，2021g）。2021 年 10 月 13 日，美国能源部拨款 6100 万美元用于 10 个试点项目（DOE，2021y），部署新技术，以将数以千计的家庭和工作场所改造成最先进的节能建筑。

7.1.3　数字化

2020 年 1 月，日本发布《环境创新战略》（GOJ，2020），提出加快大数据、人工智能、去中心化管理相关技术在社会中的应用（智慧城市）。2020 年 12 月 25 日，日本经济产业省发布《2050 碳中和绿色增长战略》，针对生活方式相关产业，提出部署先进智慧能源管理系统；利用数字化技术发展共享交通（如共享汽车），推动人们出行方式的转变。2021 年 3 月 26 日，日本科学、技术和创新委员会公布《第 6 期科技创新基本计划》（CFSTI，2021），将建设"社会 5.0"（《第 5 期科技创新基本计划》中首次提出"社会 5.0"概念）作为未来 5 年的发展目标，提出了实现"社会 5.0"目标的三大支柱：实现数字化社会变革、强化研究能力和培养人才。在数字化社会变革方面，注重以数字技术推动产业"数字化转型",建设脱碳社会,加强5G、超级计算机、量子技术等重点领域的研发。为推进"社会5.0"建设目标,日本政府设定了30万亿日元的研发预算,比《第5期科技创新基本计划》多出4万亿日元。

7.2　重大科技与工程问题

7.2.1　低碳交通

各国/组织碳中和行动中关注的低碳交通领域的科技问题重点为突破新型电子电气架构、复杂融合感知、智能线控底盘、云控平台等智能网联核心技术,构建产品全生命周期碳排放清单,探索电动汽车与能源互联网各环节的耦合互补机制,设计多技术融合发展的公共充电基础技术方案,研发大功率无线充电系统关键技术,测算燃料电池全生命周期节能减排关键因子,建立基于工况识别的能量管理策略等。

7.2.2　绿色建筑

各国/组织碳中和行动中关注的绿色建筑领域的科技问题重点为构建超低能耗及近零能耗建筑示范应用;探索建筑与太阳能、风能、浅层地热能、生物质能等可再生能源的高度融合及建筑多能互补应用新模式;设计具有示范意义和推广价值的太阳能绿色节能生态房屋;构建绿色建筑设计理念与方法;探索建筑材料高效节能加工制造技术,建筑材料的使用寿命和耐久性预测评价分析方法;研究绿色建筑材料组成、结构与性能评估和监测模式。

7.2.3　数字化

　　各国/组织碳中和行动中关注的数字化领域的科技问题重点为构建数字化需求侧、供应链、生产过程和运营服务的最优管理系统，加强汽车智能化技术开发验证和仿真测试，探索数字供应链、区块链技术在能源系统中的扁平化应用范式，构建基于数据驱动的智能决策方法和理论，设计基于物联网、云计算技术的智能化、多元化现代能源管理系统。

参 考 文 献

蔡兆男，成里京，李婷婷，等 . 2021. 碳中和目标下的若干地球系统科学和技术问题分析［J］. 中国科学院院刊，36（5）：602-613

科技部 . 2021. 浙江省出台碳达峰碳中和科技创新行动方案［EB/OL］. http：//www. most. gov. cn/dfkj/zj/zxdt/202106/t20210618 _ 175262. html［2021-11-08］

落基山研究所（RMI）. 2021. 碳中和目标下的中国钢铁零碳之路［EB/OL］. https：//www. rmi-china. com/static/upfile/news/nfiles/202109290950304147. pdf［2021-10-30］

张守攻 . 2021. 提升生态碳汇能力［EB/OL］. https：//m. gmw. cn/baijia/2021-06/10/34913156. htm［2021-11-08］

AAFC（Agriculture and Agri-Food Canada）. 2019. The Government of Canada invests in innovation to help grow Canada's bioeconomy［EB/OL］. https：//www. canada. ca/en/agriculture- agri-food/news/2019/02/the- government- of- canada- invests- in- innovation- to- help- grow- canadas- bioeconomy. html［2021-11-04］

ACM（America's Cement Manufactures）. 2021. Road map to carbon neutrality［EB/OL］. https：//www. cement. org/newsroom/2021/10/12/portland- cement- association- releases- roadmap- to- carbon- neutrality-by-2050［2021-10-30］

Agora Energiewende. 2021. Breakthrough strategies for climate- neutral industry in Europe［EB/OL］. https：//www. agora- energiewende. de/en/publications/breakthrough- strategies- for- climate- neutral- industry- in- europe- study/［2021-10-30］

Barnes D K A, Sands C J, Paulsen M L, et al. 2021. Societal importance of Antarctic negative feedbacks on climate change：blue carbon gains from sea ice, ice shelf and glacier losses［J］. Science of Nature, 108：43

BATTERY 2030+. 2019. Battery 2030+ roadmap（second draft）［EB/OL］. https：//battery2030. eu/digitalAssets/820/c_820604-l_1-k_battery-2030_roadmap_version2. 0. pdf［2021-11-10］

BBF（Bundesministeriumfür Bildung und Forschung）. 2021. 700 millionen euro für wasserstoff- projekte［EB/OL］. https：//www. bmbf. de/de/bmbf-bringt-wasserstoff-leitprojekte-auf-den-weg- 13530. html［2021-10-10］

BBIC（Bio-Based Industries Consortium）. 2020. The Strategic Innovation and Research Agenda（SIRA 2030）for a circular bio- based Europe［EB/OL］. https：//biconsortium. eu/sites/biconsortium. eu/files/documents/Draft%20SIRA%202030%20-%20March%202020. pdf［2021-09-30］

BBSRC NIBB（Networks in Industrial Biotechnology and Bioenergy）. 2018. BBSRC NIBB phase Ⅱ summary ［EB/OL］. https：//bbsrc. ukri. org/research/programmes- networks/research- networks/ nibb/ ［2021-10-21］

BIC（Bio-industrial Innovation Canada）. 2019. Canada's first national bioeconomy strategy，"Canada's Bioeconomy Strategy：Leveraging Our Strengths for A Sustainable Future"［EB/OL］. https：//www. fpac. ca/posts/canadas- first- national- bioeconomy- strategy- canadas- bioeconomy- strategy- leveraging- our- strengths-for- a- sustainable-future ［2021-11-10］

BRDB（Biomass Research and Development Board）. 2021. The bioeconomy initiative：implementation framework［EB/OL］. https：//biomassboard. gov/sites/default/files/pdfs/Bioeconomy_ Initiative_ Implementation_ Framework_ FINAL. pdf ［2021-10-21］

BRUSSELS. 2019. SusChem identifies key technology priorities to address EU and global challenges in its new strategic research and innovation agenda ［EB/OL］. http：//www. suschem. org/highlights/ suschem- identifies- key- technology- priorities- to- address- eu- and- global- challenges- in- its- new- strategic-research- and-innovation- agenda ［2021-10-23］

BWE（Bundesministeriumfüir Wirtschaft und Energie）. 2019. Nationaler Energie- und Klimaplan （NECP） einleitung ［EB/OL］. https：//www. bmwi. de/Redaktion/EN/Downloads/E/draft- of- the- integrated- national- energy- and- climate-plan. pdf?_ blob=publicationFile&v=4 ［2021-11-04］

Cabinet Office，Government of Japan. 2020. 革新的環境イノベーション戦略 ［EB/OL］. https：//www8. cao. go. jp/cstp/siryo/haihui048/siryo6-2. pdf ［2021-10-30］

CA-IIGCC（Climate Action 100+ and Institutional Investors Group on Climate Change）. 2021. Global sector strategies investor interventions to accelerate net zero steel ［EB/OL］. https：//www. iigcc. org/resource/global- sector- strategies- investor- interventions- to- accelerate- net- zero- steel/ ［2021-10-30］

CBD（Convention on Biological Diversity）. 2021. Biodiversity and Climate Change ［EB/OL］. https：//ipbes. net/sites/default/files/2021-06/20210609_ workshop_ report_ embargo_ 3pm_ CEST_10_june_0. pdf ［2021-11-15］

CBI（Confederation of British Industry）. 2019. The low- carbon 2020s：a decade of delivery ［EB/ OL］. https：//www. cbi. org. uk/articles/the-low- carbon-2020s- a- decade- of- delivery/ ［2021-10-21］

CFF（Clean Fuels Fund）. 2021. Canada's economy will need to be powered by clean power and clean fuels to meet its goal of net- zero emissions by 2050 ［EB/OL］. https：//www. nrcan. gc. ca/ climate- change/canadas- green- future/clean-fuels-fund/23734 ［2021-11-10］

CFSTI (Council for Science, Technology and Innovation, Japan). 2021. 第 6 期科学技術・イノベーション基本計画 [EB/OL]. https://www8. cao. go. jp/cstp/kihonkeikaku/index6. html [2021-11-12]

CO_2 OLHEAT. 2021. Unlocking the potential of industrial waste heat and its transformation into electricity via supercritical CO_2 (sCO_2) cycles [EB/OL]. https://co2olheat- h2020. eu/ [2021-10-30]

Connolly C T, Cardenas M B, Burkart G A, et al. 2020. Groundwater as a major source of dissolved organic matter to Arctic coastal waters [J]. Nature Communications, 11: 1479

CSFCME (Comité Stratégique de Filière Chimie- Matériaux et des Services de l'État). 2021. Feuille de route de décarbonation de la filière chimie [EB/OL]. https://www. conseil- national- industrie. gouv. fr/actualites/comites- strategiques- de- filiere/chimie- et- materiaux/publication- de- la- feuille- de- route- decarbonation- de- la- filiere- chimie [2021-10-30]

Diz D, Merriman P, de Vos K, et al. 2021. Blueprint for a living planet: four principles for integrated ocean- climate strategies [EB/OL]. https://wwfint. awsassets. panda. org/downloads/ blueprint_ for_ a_ living_ planet_ final_ june_2021_ spreads. pdf [2021-11-08]

DBEIS (Department for Business, Energy & Industrial Strategy, UK). 2019. Offshore wind sector deal [EB/OL]. https://assets. publishing. service. gov. uk/government/uploads/system/uploads/ attachment_ data/file/786278/BEIS_ Offshore_ Wind_ Single_ Pages_ web_ optimised. pdf [2021- 11-10]

DBEIS (Department for Business, Energy & Industrial Strategy, UK). 2020. The ten point plan for a green industrial revolution [EB/OL]. https://assets. publishing. service. gov. uk/government/ uploads/system/uploads/attachment_ data/file/936567/10_ POINT_ PLAN_ BOOKLET. pdf [2021- 10-17]

DBEIS (Department for Business, Energy & Industrial Strategy, UK). 2021a. Plans unveiled to de- carbonise UK power system by 2035 [EB/OL]. https://www. gov. uk/government/news/plans- unveiled- to- decarbonise- uk- power- system- by-2035 [2021-11-08]

DBEIS (Department for Business, Energy & Industrial Strategy, UK). 2021b. Biggest ever renewable energy support scheme backed by additional £ 265 million [EB/OL]. https://www. gov. uk/government/news/biggest- ever- renewable- energy- support- scheme- backed- by- additional- 265-million [2021-11-01]

DBEIS (Department for Business, Energy & Industrial Strategy, UK). 2021c. Wind of change for the Humber Region [EB/OL]. https：//www. gov. uk/government/news/wind- of- change- for- the- humber- region [2021-10-19]

DBEIS (Department for Business, Energy & Industrial Strategy, UK). 2021d. Towards fusion energy：the UK fusion strategy [EB/OL]. https：//assets. publishing. service. gov. uk/government/ uploads/system/uploads/attachment _ data/file/1022540/towards- fusion- energy- uk- government- fusion- strategy. pdf [2021-11-10]

DBEIS (Department for Business, Energy & Industrial Strategy, UK). 2021e. UK hydrogen strategy [EB/OL]. https：//www. gov. uk/government/publications/uk- hydrogen- strategy/uk- hydrogen- strategy-accessible-html-version [2021-11-09]

DBEIS (Department for Business, Energy & Industrial Strategy, UK). 2021f. Net zero innovation portfolio [EB/OL]. https：//www. gov. uk/government/collections/net- zero- innovation- portfolio# history [2021-10-21]

DBEIS (Department for Business, Energy & Industrial Strategy, UK). 2021g. Smart technologies and data to future- proof UK energy [EB/OL]. https：//www. gov. uk/government/news/smart- technologies- and- data- to- future- proof-uk-energy [2021-11-10]

DBEIS (Department for Business, Energy & Industrial Strategy, UK) . 2021h. Digitalising our energy system for net zero：strategy and action plan 2021 [EB/OL] . https：//www. gov. uk/government/ publications/digitalising−our−energy−system−for−net−zero−strategy−and−action−plan [2021−11− 12]

DBEIS (Department for Business, Energy & Industrial Strategy, UK). 2021i. Industrial decarbonisation strategy [EB/OL]. https：//www. gov. uk/government/publications/industrial-decarbonisation- strategy [2021-11-09]

DBEIS (Department for Business, Energy & Industrial Strategy, UK). 2021j. £ 220 million to help big- emitting industries reduce fossil fuel use [EB/OL]. https：//www. gov. uk/ government/ news/220- million- to- help- big- emitting-industries-reduce-fossil-fuel-use [2021-11-09]

DBEIS (Department for Business, Energy & Industrial Strategy, UK). 2021k. Industrial Energy Transformation Fund (IETF) phase 1：summer 2020 competition winners [EB/OL]. https：// www. gov. uk/government/publications/industrial- energy- transformation- fund- ietf- phase- 1- summer- 2020- competition- winners [2021-11-09]

DBEIS (Department for Business, Energy & Industrial Strategy, UK). 2021l. Over £ 90 million government funding to power green technologies [EB/OL]. https：//www. gov. uk/government/

collections/net-zero-innovation-portfolio [2021-11-09]

DBEIS (Department for Business, Energy & Industrial Strategy, UK). 2021m. £ 166 million cash injection for green technology and 60,000 UK jobs [EB/OL]. https://www.gov.uk/government/news/166-million-cash-injection-for-green-technology-and-60000-uk-jobs [2021-11-09]

DBEIS (Department for Business, Energy & Industrial Strategy, UK). 2021n. Apply for the industrial fuel switching competition [EB/OL]. https://www.gov.uk/government/publications/industrial-fuel-switching-competition/industrial-fuel-switching-competition-scope-of-competition [2021-11-09]

DBEIS (Department for Business, Energy & Industrial Strategy, UK). 2021o. Apply for the Industry of Future Programme: industrial sites competition [EB/OL]. https://www.gov.uk/government/publications/industry-of-future-programme-ifp [2021-11-09]

DBEIS (Department for Business, Energy & Industrial Strategy, UK). 2021p. Scope of the Industrial Energy Efficiency Accelerator (IEEA) programme (phase 3) [EB/OL]. https://www.gov.uk/government/publications/industrial-energy-efficiency-accelerator-phase-3/scope-of-the-industrial-energy-efficiency-accelerator-ieea-programme-phase-3 [2021-11-09]

DBEIS (Department for Business, Energy & Industrial Strategy, UK). 2021q. Net zero strategy [EB/OL]. https://www.gov.uk/government/publications/net-zero-strategy [2021-11-21]

DBEIS (Department for Business, Energy & Industrial Strategy, UK). 2021r. Net zero research innovation framework [EB/OL]. https://assets.publishing.service.gov.uk/government/uploads/system/uploads/attachment_data/file/1030656/uk-net-zero-research-innovation-framework.pdf [2021-11-21]

DBEIS (Department for Business, Energy & Industrial Strategy, UK). 2021s. £ 84 million boost for technology to power a green aviation revolution [EB/OL]. https://www.gov.uk/government/news/84-million-boost-for-technology-to-power-a-green-aviation-revolution [2021-11-12]

DBEIS (Department for Business, Energy & Industrial Strategy, UK). 2021t. £ 91 million funding for low carbon auto tech including hydrogen engines and ultra-fast charging batteries [EB/OL]. https://www.gov.uk/government/news/91-million-funding-for-low-carbon-auto-tech-including-hydrogen-engines-and-ultra-fast-charging-batteries [2021-11-12]

DBEIS (Department for Business, Energy & Industrial Strategy, UK). 2021u. Heat and buildings strategy [EB/OL]. https://www.gov.uk/government/publications/heat-and-buildings-strategy

[2021-11-12]

DEW (Department for Environment and Water, South Australia). 2021. New investments to grow blue carbon in South Australia [EB/OL]. https://www. environment. sa. gov. au/news- hub/news/articles/ 2021/08/Blue- carbon- investment [2021-11-08]

DFT (Department for Transport, UK). 2019a. Maritime 2050 Strategy [EB/OL]. https://assets. publishing. service. gov. uk/government/uploads/system/uploads/attachment_ data/file/773178/maritime-2050. pdf [2021-11-08]

DFT (Department for Transport, UK). 2019b. Clean Maritime Plan [EB/OL]. https://www. gov. uk/government/speeches/clean-maritime-plan [2021-11-08]

DFT (Department for Transport, UK). 2021a. UK Government announces eight companies selected for Green Fuels, Green Skies competition [EB/OL]. https://www. renewableenergymagazine. com/biofuels/uk- government- announces- eight- companies- selected- for-20210727 [2021-11-01]

DFT (Department for Transport, UK). 2021b. Decarbonising transport: a better, greener Britain [EB/OL]. https://www. gov. uk/government/publications/transport- decarbonisation- plan [2021-11-12]

DOA (Department of Agriculture, US). 2019. Secretary perdue announces new innovation initiative for USDA [EB/OL]. https://www. usda. gov/media/press- releases/2020/02/20/secretary-perdue- announces- new- innovation- initiative- usda [2021-10-21]

DOA (Department of Agriculture, US). 2020. Programa de Incentivos a la Infraestructura de Mezclas Superiores [EB/OL]. https://www. usda. gov/sites/default/files/documents/usda- science-blueprint. pdf [2021-10-21]

DOE (Department of Energy, US). 2015. Quadrennial technology review 2015 [EB/OL]. https://www. energy. gov/quadrennial-technology-review-2015 [2021-11-10]

DOE (Department of Energy, US). 2016. National offshore wind strategy: facilitating the development of the offshore wind industry in the United States [EB/OL]. http://www. energy. gov/sites/prod/files/2016/09/f33/National- Offshore- Wind- Strategy- report- 09082016. pdf [2021-11-09]

DOE (Department of Energy, US). 2020a. Fossil Energy Roadmap [EB/OL]. https://www. energy. gov/sites/prod/files/2020/12/f81/EXEC-2018-003779% 20- % 20Signed% 20FE% 20ROADMAP_ dated% 2009-22-20_0. pdf [2021-10-10]

DOE (Department of Energy, US) .2020b. Announces intent to provide $122M to establish coal products innovation centers [EB/OL]. https：//www. energy. gov/articles/doe- announces- intent-provide-122m-establish-coal-products-innovation-centers [2021-10-08]

DOE (Department of Energy, US). 2020c. Department of energy to provide $ 100 million for solar fuels research [EB/OL]. https：//www. energy. gov/articles/department- energy- provide- 100-million-solar-fuels-research [2021-11-03]

DOE (Department of Energy, US). 2020d. Restoring America's competitive nuclear energy advantage [EB/OL]. https：//www. energy. gov/sites/prod/files/2020/04/f74/Restoring% 20America% 27s% 20Competitive% 20 Nuclear% 20Advantage-Blue% 20version% 5B1% 5D. pdf [2021-11-10]

DOE (Department of Energy, US). 2020e. Advanced reactor demonstration program [EB/OL]. https：//www. energy. gov/ne/advanced- reactor- demonstration- program [2021-11-12]

DOE (Department of Energy, US). 2020f. Hydrogen program plan [EB/OL]. https：//www. hydrogen. energy. gov/pdfs/hydrogen- program- plan-2020. pdf [2021-11-18]

DOE (Department of Energy, US). 2020g. Integrated energy systems：2020 roadmap [EB/OL]. https：//inldigitallibrary. inl. gov/sites/sti/sti/Sort_26755. pdf [2021-10-14]

DOE (Department of Energy, US). 2020h. Carbon capture, utilization, and storage R&D program [EB/OL]. https：//www. energy. gov/sites/default /files/2020/08/f77/Carbon% 20Capture% 2C% 20Utilization% 2C% 20and% 20Storage% 20R% 26D% 20Program% 20Fact% 20Sheet. pdf [2021-10-30]

DOE (Department of Energy, US). 2020i. U. S. Department of energy announces $ 131 million for CCUS technologies [EB/OL]. https：//www. energy. gov/articles/us- department- energy-announces-131-million-ccus-technologies [2021-11-10]

DOE (Department of Energy, US). 2020j. DOE invests $ 17 million to advance carbon utilization projects [EB/OL]. https：//www. energy. gov/articles/doe- invests- 17- million- advance- carbon-utilization-projects [2021-11-21]

DOE (Department of Energy, US). 2021a. DOE releases solar futures study providing the blueprint for a zero- carbon grid [EB/OL]. https：//www. energy. gov/articles/doe- releases- solar- futures-study-providing-blueprint-zero-carbon-grid [2021-11-06]

DOE (Department of Energy, US). 2021b. Energy Secretary Granholm announces ambitious new 30GW offshore wind deployment target by 2030 [EB/OL]. https：//www. energy. gov/articles/energy-secretary-granholm-announces-ambitious-new-30gw-offshore-wind-deployment-target [2021-11-03]

DOE (Department of Energy, US). 2021c. DOE announces $ 100 million for transformative clean energy solutions [EB/OL]. https：//www. energy. gov/articles/doe-announces-100-million-trans-formative-clean-energy-solutions [2021-11-09]

DOE (Department of Energy, US). 2021d. Office of nuclear energy：strategic vision [EB/OL]. https：//www. energy. gov/sites/default/files/2021/01/f82/DOE-NE%20Strategic%20Vision%20-Web%20-%2001. 08. 2021. pdf [2021-11-10]

DOE (Department of Energy, US). 2021e. Secretary Granholm launches hydrogen energy earthshot to accelerate breakthroughs toward a net-zero economy [EB/OL]. https：//www. energy. gov/articles/secretary-granholm-launches-hydrogen-energy-earthshot-accelerate-breakthroughs-toward-net [2021-10-14]

DOE (Department of Energy, US). 2021f. Energy storage grand challenge [EB/OL]. https：//www. energy. gov/energy-storage-grand-challenge/energy-storage-grand-challenge [2021-11-10]

DOE (Department of Energy, US). 2021g. DOE announces nearly $ 83 million to increase building energy efficiency and cut consumers' energy bills [EB/OL]. https：//www. energy. gov/articles/doe-announces-nearly-83-million-increase-building-energy-efficiency-and-cut-consumers [2021-11-12]

DOE (Department of Energy, US). 2021h. National blueprint for lithium batteries [EB/OL]. https：//www. energy. gov/eere/vehicles/articles/national-blueprint-lithium-batteries [2021-11-10]

DOE (Department of Energy, US). 2021i. DOE launches design & construction of $ 75 million grid energy storage research facility [EB/OL]. https：//www. energy. gov/articles/doe-launches-design-construction-75-million-grid-energy-storage-research-facility [2021-11-10]

DOE (Department of Energy, US). 2021j. Hybrid energy systems：opportunities for coordinated research [EB/OL]. https：//www. nrel. gov/docs/fy21osti/77503. pdf [2021-11-04]

DOE (Department of Energy, US). 2021k. Artificial intelligence & technology office [EB/OL]. https：//www. energy. gov/ai/artificial-intelligence-technology-office [2021-11-10]

DOE (Department of Energy, US). 2021l. DOE announces $ 42. 3 million and new industry partnerships to decarbonize American manufacturing [EB/OL]. https：//www. energy. gov / articles/doe-announces-423-million-and-new-industry-partnerships-decarbonize-american-manufacturing [2021-11-10]

DOE (Department of Energy, US). 2021m. Dear colleague letter：critical aspects of sustainability

（CAS）： innovative solutions to climate change ［EB/OL］． https：//www. nsf. gov/pubs/2021/ nsf21124/nsf21124. jsp？ org=ENG ［2021-11-10］

DOE （Department of Energy，US）． 2021n. Better Plants ［EB/OL］． https：//betterbuildingssolutio ncenter. energy. gov/better-plants ［2021-11-18］

DOE （Department of Energy，US）． 2021o. DOE announces ＄75 million to accelerate technologies for the decarbonization of the natural gas power and industrial sectors ［EB/OL］． https：// www. energy. gov/fecm/articles/doe-announces-75-million-accelerate-technologies-decarbonization- natural-gas-power-and ［2021-11-10］

DOE （Department of Energy，US）． 2021p. DOE invests ＄45 million to decarbonize the natural gas power and industrial sectors using carbon capture and storage ［EB/OL］． https：//www. energy. gov/articles/doe-invests-45-million-decarbonize-natural-gas-power-and-industrial-sectors-using- carbon ［2021-11-10］

DOE （Department of Energy，US）． 2021q. Secretary Granholm launches carbon negative earthshots to remove gigatons of carbon pollution from the air by 2050 ［EB/OL］． https：//www. energy. gov/ articles/secretary-granholm-launches-carbon-negative-earthshots-remove-gigatons-carbon-pollution ［2021-11-21］

DOE （Department of Energy，US）． 2021r. DOE announces ＄12 million for direct air capture technology ［EB/OL］． https：//www. energy. gov/articles/doe-announces-12-million-direct-air- capture-technology ［2021-11-21］

DOE （Department of Energy，US）． 2021s. DOE announces ＄24 million to capture carbon emissions directly from air ［EB/OL］． https：//www. energy. gov/articles/doe-announces-24-million- capture-carbon-emissions-directly-air ［2021-11-21］

DOE （Department of Energy，US）． 2021t. DOE announces ＄14. 5 million supporting direct air capture and storage coupled to low carbon energy sources ［EB/OL］． https：//www. energy. gov/ articles/doe-announces-145-million-supporting-direct-air-capture-and-storage-coupled-low-carbon ［2021-11-21］

DOE （Department of Energy，US）． 2021u. Announces ＄162 million to decarbonize cars and trucks ［EB/OL］． https：//www. energy. gov/articles/doe-announces-162-million-decarbonize-cars-and- trucks ［2021-11-12］

DOE （Department of Energy，US）． 2021v. DOE announces nearly ＄65 million for biofuels research to reduce airplane and ship emissions ［EB/OL］． https：//www. energy. gov/articles/doe-announces- nearly- 65- million- biofuels- research- reduce- airplane- and- ship- emissions［2021-11-12］

DOE（Department of Energy, US）. 2021w. Department of energy invests ＄74 million in building and construction technologies and innovations［EB/OL］. https：//www. energy. gov/articles/department- energy- invests- 74- million- building- and- construction- technologies- and- 0［2021-11-12］

DOE（Department of Energy, US）. 2021x. DOE's national roadmap for grid- interactive efficient buildings［EB/OL］. https：//www. energy. gov/eere/articles/does- national- roadmap- grid-interactive- efficient- buildings［2021-11-12］

DOE（Department of Energy, US）. 2021y. DOE invests ＄61 million for smart buildings that accelerate renewable energy adoption and grid resilience［EB/OL］. https：//www. energy. gov/articles/doe- invests- 61- million- smart- buildings- accelerate- renewable- energy- adoption- and- grid［2021-11-12］

DOE（Department of Energy, US）. 2021z. Emerging frontiers in research and innovation（EFRI-2022/23）［EB/OL］. https：//www. nsf. gov/pubs/2021/nsf21615/nsf21615. htm［2021-11-10］

DOE（Department of Energy, US）. 2021aa. Secretary Granholm announces new goal to cut costs of long duration energy storage by 90 percent［EB/OL］. https：//www. energy. gov/articles/secretary- granholm- announces- new- goal- cut- costs- long- duration- energy- storage- 90- percent［2021-11-10］

DOE（Department of Energy, US）. 2021ab. U. S. Department of energy announces ＄100 million for transformative clean energy solutions supporting president Biden's climate innovation agenda［EB/OL］. https：//arpa-e . energy. gov/news- and- media/press- releases/us- department- energy-announces- 100- million- transformative- clean［2021-11-10］

ECA（The European Cement Association）. 2020. Reaching climate neutrality along the cement and concrate value chain by 2050［EB/OL］. https：//cembureau. eu/ library/reports/2050- carbon-neutrality- roadmap/［2021-10-30］

ECCC（Environment and Climate Change Canada）. 2021. Canada invests ＄25 million to protect wetlands and grasslands in the Prairies［EB/OL］. https：//www. canada. ca/en/environment-climate- change/news/2021/07/canada- invests- 25- million- to- protect- wetlands- and- grasslands- in-the- prairies. html［2021-11-08］

ECJRC（European Commission Joint Research Centre）. 2021. Carbon capture utilisation & storage-technology development report 2020［EB/OL］. https：//publications. jrc. ec. europa. eu/repository/handle/JRC123163［2021-11-21］

EERA (European Energy Research Alliance). 2019a. EERA JP fuel cells and hydrogen publishes its implementation plan up to 2030 [EB/OL]. https：//www. eera- set. eu/eera- jp- fuel- cells- and- hydrogen- publishes- its- implementation- plan- up- to- 2030/ [2021-11-10]

EERA (European Energy Research Alliance). 2019b. Batteries Europe [EB/OL]. https：// www. eera- set. eu/eu- projects/batteries- europe/ [2021-10-21]

EFFRA (European Factories of the Future Research Association). 2021. The manufacturing partnership in Horizon Europe Strategic Research and Innovation Agenda (SRIA) [EB/OL]. https：//www. effra. eu/sites/default/files/sria_full_ chapters. pdf#：～：text = The% 20European% 20Partnership% 20needs% 20to% 20address% 20the% 20entire，product% 20design% 2C% 20engineering% 20and% 20manufacturing% 20start- ups% 20and% 20scale- ups [2021-10-30]

EIB (European Investment Bank). 2020. Agriculture and bioeconomy：EIB approves €700 million of financing under the Investment Plan for Europe amid coronavirus pandemic [EB/OL]. https：// www. eib. org/en/press/all/2020-091- agriculture- and- bioeconomy- eib- approves- eur700- million- of- financing- under- the- investment- plan- for- europe- to- support- private- investment- across- the- eu [2021-10-21]

EIC (European Innovation Council). 2021. Main work program of Horizon Europe adopted [EB/OL]. https：//eic. ec. europa. eu/news/main- work- programme- horizon- europe- adopted- 2021-06-16_ en [2021-11-12]

EJF (Environmental Justice Foundation). 2021. Our blue beating heart：blue carbon solutions in the fight against the climate crisis [EB/OL]. https：//ejfoundation. org/resources/downloads/EJF- Blue- Carbon- Brief_ EU. pdf [2021-11-08]

EPO (European Patent Office, International Energy Agency). 2020. Innovation in batteries and electricity storage：a global analysis based on patent data [EB/OL]. https：//www. iea. org/ reports/innovation- in- batteries- and- electricity- storage [2021-10-14]

ESTEP (European Steel Technology Platform). 2020. Clean steel partnership roadmap [EB/OL]. https：//www. estep. eu/assets/CleanSteelMembersection/20210106- CSP- Roadmap- afterPublic Consultation2-2. pdf [2021-10-30]

ETIP PV. 2021. ETIP PV has published "The European Strategic Research and Innovation Agenda for Photovoltaics" for public consultation [EB/OL]. https：//etip- pv. eu/news/other- news/etip- pv- has- published- the- european- strategic- research- and- innovation- agenda- for- photovoltaics- for- public- consultation/ [2021-11-06]

ETIP SNET. 2018. ETIP SNET VISION 2050 – Integrating smart networks for the energy transition: serving society and protecting the environment [EB/OL]. https://www.etip- snet.eu/wp-content/uploads/2018/06/VISION2050- DIGITALupdated. pdf [2021-11-10]

ETIP SNET. 2020a. ETIP SNET R&I Roadmap 2020–2030 [EB/OL]. https://www.etip- snet.eu/wp- content/uploads/2020/02/Roadmap-2020-2030_June- UPDT. pdf [2021-11-10]

ETIP SNET. 2020b. ETIP SNET R&I Implementation Plan 2021–2024 [EB/OL]. https://www.etip- snet.eu/wp- content/uploads/2020/05/Implementation- Plan- 2021- 2024 _ WEB _ Single-Page. pdf [2021-11-10]

ETIP Wind. 2019. ETIP Wind roadmap [EB/OL]. https://etipwind.eu/files/reports/ETIPWind-roadmap-2020. pdf [2021-09-10]

European Commission. 2019. European Green Deal [EB/OL]. https://eur- lex.europa.eu/legal-content/EN/TXT/? qid=1588580774040&uri=CELEX: 52019DC0640 [2021-10-30]

European Commission. 2020a. EU hydrogen strategy [EB/OL]. https://ec.europa.eu/commission/presscorner/detail/en/ip_20_1259 [2021-11-09]

European Commission. 2020b. Strategic research agenda for batteries 2020 [EB/OL]. https://ec.europa.eu/energy/sites/ener/files/documents/batteries _ europe _ strategic _ research _ agenda _ december_2020_1. pdf [2021-10-21]

European Commission. 2020c. EU strategy for energy system integration [EB/OL]. https://ec.europa.eu/energy/sites/ener/files/energy_ system_integration_strategy_. pdf [2021-10-30]

European Commission. 2020d. Boosting the EU's green recovery: commission invests € 1 billion in innovative clean technology projects [EB/OL]. https://ec.europa.eu/commission/presscorner/detail/en/IP_20_1250 [2021-10-30]

European Commission. 2020e. A hydrogen strategy for a climate-neutral Europe [EB/OL]. https://ec.europa.eu/energy/sites/ener/files/hydrogen_ strategy. pdf [2021-10-30]

European Commission. 2021a. An EU strategy to harness the potential of offshore renewable energy for a climate neutral future [EB/OL]. https://ec.europa.eu/energy/sites/ener/files/offshore _ renewable_energy_strategy. pdf [2021-10-19]

European Commission. 2021b. Action plan on the digitalisation of the energy sector–roadmap launched [EB/OL]. https://ec.europa.eu/info/news/action- plan- digitalisation- energy- sector- roadmap-launched-2021-jul-27_en [2021-10-21]

European Commission. 2021c. Horizon Europe Work Programme 2021- 2022 [EB/OL]. https://

ec. europa. eu/info/funding- tenders/opportunities/docs/2021- 2027/horizon/wp- call/2021- 2022/ wp-8-climate-energy-and-mobility_ horizon-2021-2022_ en. pdf［2021-10-30］

European Commission. 2021d. EU invests € 122 million in innovative projects to decarbonize the economy［EB/OL］. https：//ec. europa. eu/commission/presscorner/detail/en/ip _ 21 _ 3842 ［2021-10-30］

European Commission. 2021e. Chemicals strategy for sustainability towards a toxic- free environment ［EB/OL］. https：//ec. europa. eu/environment/pdf/chemicals/2020/10/Strategy. pdf ［2021-10-30］

European Commission. 2021f. New EU Forest Strategy for 2030 ［EB/OL］. https：//ec. europa. eu/ info/sites/default/files/communication- new- eu- forest- strategy- 2030_ with- annex _ en. pdf ［2021-11-08］

FCHJU（Fuel Cells and Hydrogen Joint Undertaking）. 2019. Hydrogen Roadmap Europe：A Sustainable Pathway for the European Energy Transition［EB/OL］. https：//www. fch. europa. eu/ sites/default/files/Hydrogen% 20Roadmap% 20Europe_ Report. pdf ［2021-10-24］

FGG（The Federal Government, Germany）. 2020. Economic stimulus package：an ambitious programme［EB/OL］. https：//www. bundesregieung. de/breg- en/news/konjunkturpaket- 1757640 ［2021-11-12］

FMEAE（Federal Ministry for Economic Affairs and Energy）. 2020a. The National Hydrogen Strategy ［EB/OL］. https：//www. bmwi. de/Redaktion/EN/Publikationen/Energie/the- national- hydrogen- strategy. html ［2021-11-10］

FMEAE（Federal Ministry for Economic Affairs and Energy）. 2020b. The steel action concept ［EB/ OL］. https：//www. bmwi. de/Redaktion/EN/Publikationen/Wirtschaft/the- steel- action- concept. pdf？_blob = publicationFile&v = 3 ［2021-11-09］

FMEAE（Federal Ministry for Economic Affairs and Energy）. 2021a. 7th Energy Research Programme of the Federal Government［EB/OL］. https：//www. bmwi. de/Redaktion/ EN/Publikationen/ Energie/7th- energy- research- programme- of- the- federal- government. html ［2021-11-09］

FMEAE（Federal Ministry for Economic Affairs and Energy）. 2021b. First approval notice for green hydrogen project in Germany handed over under the National Hydrogen Strategy ［EB/OL］. https：//www . bmwi. de/Redaktion/EN/Pressemitteilungen/2021/07/ 20210729- % 20first- approval- notice- for- green- hydrogen- project. html ［2021-11-09］

FMENCBNS（Federal Ministry for the Environment Nature Conservation Building and Nuclear Safety）.

2021. Förderrichtlinie "Dekarbonisierung in der Industrie" in Kraft getreten [EB/OL]. https：// www. bmu. de/pressemitteilung/bmu- foerderrichtlinie- dekarbonisierung- in- der- industrie- in- kraft- getreten [2021-11-09]

Fogwill C J, Turney C S M, Menviel L, et al. 2020. Southern Ocean carbon sink enhanced by sea-ice feedbacks at the Antarctic Cold Reversal [J]. Nature Geoscience, 13：489-497

GBC (German Business Consulting, Japan). 2020. 日本政府、2050 年のグリーン成長戦略を正式発表 [EB/OL]. https：//eu- strategy. com/strategy- news/14376/japan- green- growth- strategy 2050 [2021-11-12]

GCCA (Global Cement and Concrete Association). 2021. The GCCA 2050 cement and concrete industry roadmap for net zero concrete [EB/OL]. https：//gccassociation. org/news/global- cement- and- concrete- industry- announces- roadmap- to- achieve- groundbreaking- net- zero- co2- emissions- by- 2050/ [2021-10-30]

GCCSI (Global CCS Institute). 2020. CCS in the circular carbon economy：policy and regulatory recommendations [EB/OL]. https：//www. globalccsinstitute. com/resources/publications- reports- research/ccs- in- the- circular- carbon- economy- policy- and- regulatory- recommendations/ [2021-10- 29]

GCCSI (Global CCS Institute) . 2021. Technology Readiness and Costs of CCS [EB/OL] . https：//www. globalccsinstitute. com/resources/publications−reports−research/technology- readiness- and- costs- of- ccs/ [2021-10-29]

GOC (Government of Canada). 2021. Nature smart climate solutions fund [EB/OL]. https：// www. canada. ca/en/environment- climate- change/services/environmental- funding/programs/nature- smart- climate- solutions- fund. html [2021-11-08]

GOJ (The Government of Japan). 2020. Environment Innovation Strategy [EB/OL]. https：//www. kantei. go. jp/jp/singi/tougou- innovation/pdf/kankyousenryaku2020_ english. pdf [2021-11-12]

GPO (Government Publishing Office US). 2020. Energy Act of 2020 [EB/OL]. https：// www. congress. gov/bill/116th- congress/house- bill/133/titles [2021-11-21]

Green Chemicals. 2020. Funding opportunity for US biorefineries [EB/OL]. https：//greenchemi- calsblog. com/2019/10/23/funding- opportunity- for- us- biorefineries/ [2021-10-21]

GRK (Government of the Republic of Korea). 2020. 2050 carbon neutral strategy of the Republic of Korea：towards a sustainable and green society [EB/OL]. https：//unfccc. int/sites/default/ files/resource/LTS1_ RKorea. pdf [2021-11-06]

GUK (Government of UK). 2021a. England Peat Action Plan [EB/OL]. https: //www. gov. uk/ government/publications/england-peat-action-plan [2021-11-12]

GUK (Government of UK). 2021b. England Trees Action Plan 2021 to 2024 [EB/OL]. https: // www. gov. uk/government/publications/england-trees-action-plan-2021-to-2024 [2021-11-12]

GUK (Government of UK). 2021c. Multi-million pound boost for green jobs and nature recovery [EB/OL]. https: //www. gov. uk/government/news/multi-million-pound-boost-for-green-jobs-and-nature-recovery [2021-11-08]

Hydrogen Europe. 2021. Towards the creation of the European Hydrogen Economy [EB/OL]. https: //www. hydrogeneurope. eu/wp-content/uploads/2021/04/2021. 04 _ HE _ Hydrogen-Act _ Final. pdf [2021-09-26]

IAEA (International Atomic Energy Agency). 2021. Technology roadmap for small modular reactor deployment [EB/OL]. https: //www-pub. iaea. org/MTCD/Publications/PDF/PUB1944 _ web. pdf [2021-10-21]

IEA (International Energy Agency). 2020. The role of CCUS in low-carbon power systems [EB/OL]. https: //www. iea. org/reports/the-role-of-ccus-in-low-carbon-power-systems/how-carbon-capture-technologies-support-the-power-transition#abstract [2021-11-11]

IEA (International Energy Agency). 2021a. Net zero by 2050: a roadmap for the global energy sector [EB/OL]. https: //www. iea. org/reports/net-zero-by-2050 [2021-10-21]

IEA (International Energy Agency). 2021b. Energy Technology Perspectives 2020 [EB/OL]. https: //www. iea. org /reports/energy-technology-perspectives-2020 [2021-11-10]

IEA (International Energy Agency). 2021c. 中国能源体系碳中和路线图 [EB/OL]. https: // www. iea. org/reports/an-energy-sector-roadmap-to-carbon-neutrality-in-china? language = zh [2021-11-09]

Kaushik A, Graham J, Dorheim K, et al. 2020. The future of the carbon cycle in a changing climate [EB/OL]. https: //eos. org/features/the-future-of-the-carbon-cycle-in-a-changing-climate [2021-11-12]

LEF (Liberté Egalité Fratermité). 2019. LOI n° 2019-1147 du 8 novembre 2019 relative à l'énergie et au climate [EB/OL]. https: //www. legifrance. gouv. fr/affichTexte. do? cidTexte = JORFTEXT000039355955&dateTexte=20200216 [2021-11-07]

LEF (Liberté Egalité Fratermité). 2020. Stratégie nationale pour le développement de l'hydrogène décarbonéen France [EB/OL]. https: //www. economie. gouv. fr/plan-de-relance/profils/

collectivites/strategie- nationale- developpement- hydrogene ［2021-11-07］

Loisel J, Gallego-Sala A V, Amesbury M J, et al. 2021. Expert assessment of future vulnerability of the global peatland carbon sink ［J］. Nature Climate Change, 11: 70-77

MEST（Ministry of Ecological and Solidarity Transition）. 2021. Strategy for hydrogen energy in France ［EB/OL］. https: //www. ecologie. gouv. fr/sites/default/files/ DP％ 20- ％ 20Strat％ E9％ 96％ 93ie％ 20nationale％ 20pour％ 20le％ 20d％ E9％ 96％ A2eloppement％ 20de％ 20l'hydrog％ E9％ 91％ 9Ee％ 20d％ E9％ 96％ 8Farbon？ en％ 20France. pdf ［2021-11-09］

METI（Ministry of Economy, Trade and Industry）. 2016. 福島新エネ社会構想 ［EB/OL］. http: //www. enecho. meti. go. jp/category/saving_ and_ new/fukushima_ vision/ ［2021-11-10］

METI（Ministry of Economy, Trade and Industry）. 2019a. 水素・燃料電池戦略ロードマップを策定しました ［EB/OL］. https: //www. meti. go. jp/press/2018/03/20190312001/20190312001. html ［2021-11-10］

METI（Ministry of Economy, Trade and Industry）. 2019b. 水素・燃料電池技術開発戦略 ［EB/OL］. https: //www. meti. go. jp/press/2019/09/20190918002/20190918002. html ［2021-11-10］

METI（Ministry of Economy, Trade and Industry）. 2020. Green growth strategy through achieving carbon neutrality in 2050 ［EB/OL］. https: //www. meti. go. jp/english/press/2020/1225 _ 001. html ［2021-10-30］

METI（Ministry of Economy, Trade and Industry）. 2021a. エネルギー基本計画（素案）の概要 ［EB/OL］. https: //www. enecho. meti. go. jp/committee/council/basic _ policy _ subcommittee/ 2021/046/046_004. pdf ［2021-11-04］

METI（Ministry of Economy, Trade and Industry）. 2021b. 2050 年カーボンニュートラルに伴うグリーン成長戦略を策定しました ［EB/OL］. https: //www. meti. go. jp/press/2021/06/ 20210618005/20210618005. html ［2021-11-10］

METI（Ministry of Economy, Trade and Industry）. 2021c. 「製鉄プロセスにおける水素活用」プロジェクトに関する研究開発・社会実行計画 ［EB/OL］. https: //www. meti. go. jp/ press/ 2021/09/20210914002/20210914002. html ［2021-10-30］

METI（Ministry of Economy, Trade and Industry）. 2021d. 「燃料アンモニアサプライチェーンの構築」プロジェクトの研究開発・社会実装計画を策定しました ［EB/OL］. https: // www. meti. go. jp/press/2021/09/20210914003/20210914003. html ［2021-11-10］

METI（Ministry of Economy, Trade and Industry）. 2021e. 福島新エネ社会構想（2021 年 2 月改定版） ［EB/OL］. https: //www. enecho. meti. go. jp/category/saving_ and_ new/fukushima_ vision/pdf/fukushima_ vision_ rev_ summary_ ja. pdf［2021-11-10］

METI（Ministry of Economy, Trade and Industry）. 2021f.「カーボンリサイクル技術ロードマップ」を改訂しました［EB/OL］. https：//www. meti. go. jp/press/2021/07/20210726007/20210726007. html［2021-11-10］

METI（Ministry of Economy, Trade and Industry）. 2021g.「次世代型太陽電池の開発」プロジェクトに関する研究開発・社会実装計画［EB/OL］. https：//www. meti. go. jp/press/2021/10/20211001010/20211001010. html［2021-11-10］

MPA（Mineral Products Association）. 2020. UK concrete and cement industry roadmap to beyond net zero［EB/OL］. https：//www. concretecentre. com/News/2020/UK-concrete-and-cement-sector-sets-out-roadmap-for. aspx［2021-10-30］

NEDO. 2020a. エネルギー・環境新技術先導研究プログラム［EB/OL］. https：//www. nedo. go. jp/koubo/CA2_ 100294. html［2021-12-30］

NEDO. 2020b. セメント工場のCO_2を再資源化（カーボンリサイクル）する技術開発に着手［EB/OL］. https：//www. nedo. go. jp/news/press/AA5_ 101319. html［2021-12-30］

NEITDO（New Energy and Industrial Technology Development Organization）. 2020. The world's largest-class hydrogen production, Fukushima Hydrogen Energy Research Field（FH2R）now is completed at Namie town in Fukushima［EB/OL］. https：//www. nedo. go. jp/english/news/AA5en_ 100422. html［2021-10-14］

NEITDO（New Energy and Industrial Technology Development Organization）. 2021a. グリーンイノベーション基金事業［EB/OL］. https：//www. nedo. go. jp/activities/green-innovation. html［2021-11-10］

NEITDO（New Energy and Industrial Technology Development Organization）. 2021b. グリーンイノベーション基金事業、第 1 号案件として水素に関する実証研究事業に着手［EB/OL］. https：//www. nedo. go. jp/news/press/AA5_ 101471. html［2021-11-10］

NEITDO（New Energy and Industrial Technology Development Organization）. 2021c.「グリーンイノベーション基金事業/次世代蓄電池・次世代モータの開発」に係る公募について（予告）［EB/OL］. https：//www. nedo. go. jp/koubo/CD1_ 100286. html［2021-11-10］

NEITDO（New Energy and Industrial Technology Development Organization）. 2021d. 先進・革新蓄電池材料評価技術開発（第 2 期）［EB/OL］. https：//www. nedo. go. jp/activities/ZZJP_ 100146. html［2021-11-10］

NEITDO（New Energy and Industrial Technology Development Organization）. 2021e. カーボンリサ

イクル・先進的な火力発電技術等の海外展開推進事業 ［EB/OL］. https：//www. nedo. go. jp/activities/ZZJP_100131. html ［2021-11-10］

NEITDO（New Energy and Industrial Technology Development Organization）. 2021f. CCUS 研究開発・実証関連事業 ［EB/OL］. https：//www. nedo. go. jp/activities/ZZJP_100141. html ［2021-11-10］

NIA（Nuclear Industry Association）. 2021a. Hydrogen Roadmap ［EB/OL］ https：//www. niauk. org/wp- content/uploads/2021/02/Nuclear- Sector- Hydrogen- Roadmap- February- 2021. pdf ［2021-11-17］

NIA（Nuclear Industry Association）. 2021b. Government and industry back nuclear for green hydrogen future ［EB/OL］. https：//www. niauk. org/media- centre/press- releases/government- industry- back- nuclear- green- hydrogen- future/ ［2021-10-21］

NPC（National Petroleum Council）. 2019. Meeting the dual challenge: a roadmap to at- scale deployment of carbon capture, use, and storage ［EB/OL］. https：//dualchallenge. npc. org/ downloads. php ［2021-11-10］

NTDE（Nuclear Technology Development and Economics）. 2021a. Small modular reactors: challenges and opportunities ［EB/OL］. https：//www. oecd-nea. org/upload/docs/application/pdf/2021-03/ 7560_ smr_ report. pdf ［2021-10-14］

NTDE（Nuclear Technology Development and Economics）. 2021b. Long- term operation of nuclear power plants and decarbonisation strategies ［EB/OL］. https：//oecd- nea. org/upload/docs/ application/pdf/2021-07/nea_ 7524_ eglto. pdf ［2021-10-23］

PMA（Prime Minister of Australia）. 2021. Australia announces $ 100 million initiative to protect our oceans ［EB/OL］. https：//www. pm. gov. au/media/australia- announces- 100- million- initiative- protect- our- oceans ［2021-11-08］

Pörtner H O, Scholes R J, Agard J, et al. 2021. IPBES- IPCC co- sponsored workshop report on biodiversity and climate change ［EB/OL］. https：//ipbes. net/sites/default/files/2021- 06/ 20210609_ workshop_ report_ embargo_ 3pm_ CEST_ 10_ june_ 0. pdf ［2021-11-08］

Processes4Planet. 2021. Strategic research and innovation agenda ［EB/OL］. https：//www. spire2030. eu/sites/default/files/pressoffice/publication/processes4planet_ 2050_ sria_ final_ 211019_ 0. pdf ［2021-10-30］

Qin Y, Xiao X, Wigneron J P, et al. 2021. Carbon loss from forest degradation exceeds that from de- forestation in the Brazilian Amazon ［J］. Nature Climate Change, 11：442-448

SINTEF. 2021. Converting CO$_2$ emissions into products—European Green Deal project PyroCO$_2$ kicks off [EB/OL]. https：//www. sintef. no/en/latest-news/2021/converting-co2-emissions-into-products-european-green-deal-project-kicks-off/ [2021-11-10]

TEICSFMM（Transition Ecologique, déléguée à l'Industrie, Comité Stratégique de Filière Mines et Métallurgie）. 2021. Décarbonation：la feuille de route de la filière mines et métallurgie pour 2030 [EB/OL]. https：//www. conseil-national-industrie. gouv. fr/actualites/comites-strategiques-de-filiere/mines-et-metallurgie/decarbonation-la-feuille-de-route-de-la-filiere-mines-et-metallurgie-pour-2030 [2021-10-30]

TEISFIC（Transition Ecologique, déléguée à l'Industrie, Syndicat Français de l'Industrie Cimentière）. 2021. Décarbonation：la feuille de route de la filière ciment à horizon 2030 et 2050 [EB/OL]. https：//www. conseil-national-industrie. gouv. fr/actualites/comites-strategiques-de-filiere/construction/decarbonation-la-feuille-de-route-de-la-filiere-ciment-horizon-2030-et-2050 [2021-10-30]

TFG（The French Government）. 2021. Lancement du 4e programme d'investissements d'avenirenjanvier 2021 [EB/OL]. https：//www. enseignementsuprecherche. gouv. fr/cid156296/4-programme-d-investissements-d-avenir-20-md% C2% 80-dans-la-recherche-et-1-innovation-en-faveur-des-generations-futures. html [2021-11-09]

The Royal Society. 2021a. Climate change：science and solutions [EB/OL]. https：//royalsociety. org/topics-policy/projects/climate-change-science-solutions/ [2021-11-17]

The Royal Society. 2021b. Contributors to climate change：science and solutions briefing series [EB/OL]. https：//royalsociety. org/-/media/policy/projects/ climate-change-science-solutions/ climate-science-solutions-contributors. pdf [2021-11-09]

The White House. 2020. The Biden Plan for A Clean Energy Revolution and Environmental Justice [EB/OL]. https：//joebiden. com/climate-plan/ [2021-10-28]

The White House. 2021a. Fact sheet：Biden administration advances the future of sustainable fuels in American aviation [EB/OL]. https：//www. whitehouse. gov/briefing-room/statements-releases/2021/09/09/fact-sheet-biden-administration-advances-the-future-of-sustainable-fuels-in-american-aviation/ [2021-10-21]

The White House. 2021b. Biden-Harris administration launches American innovation effort to create jobs and tackle the climate crisis [EB/OL]. https：//www. whitehouse. gov/briefing-room/statements-releases/2021/02/11/biden-harris-administration-launches-american-innovation-effortto-create-jobs-and-tackle-the-climate-crisis/ [2021-11-10]

The White House. 2021c. Executive Order on Strengthening American Leadership in Clean Cars and Trucks [EB/OL]. https://www. whitehouse. gov/briefing-room/presidential-actions/2021/08/05/ executive-order-on-strengthening-american-leadership-in-clean-cars-and-trucks/ [2021-11-12]

Thyssenkrupp A G. 2021. The Carbon2Chem© project [EB/OL]. https://www. thyssenkrupp. com/ en/newsroom/content-page-162. html [2021-11-09]

TRG (The Russian Government). 2020. Mikhail Mishustin approves Energy Strategy to 2035 [EB/ OL]. http://government. ru/en/docs/39847/ [2021-11-10]

UKG. 2018. Strategic Action Plan on Batteries [EB/OL]. https://eur-lex. europa. eu/resource. html? uri = cellar: 0e8b694e-59b5-11e8-ab41-01aa75ed71a1. 0003. 02/DOC_ 3&format = PDF [2021-10-21]

UKEA (Environment Agency UK). 2021. Post-combustion Carbon Dioxide Capture: Best Available Techniques (BAT) [EB/OL]. https://www. gov. uk/guidance/post-combustion-carbon-dioxide-capture-best-available-techniques-bat [2021-10-26]

UKRI (UK Research and Innovation). 2021a. Industrial Strategy Challenge Fund [EB/OL]. https:// www. ukri. org/our-work/our-main-funds/industrial-strategy-challenge-fund/ [2021-10-21]

UKRI (UK Research and Innovation). 2021b. UKRI awards £171m in UK decarbonization to nine projects [EB/OL]. https://www. ukri. org/news/ukri-awards-171m-in-uk-decarbonisation-to-nine-projects/ [2021-10-26]

UKRI (UK Research and Innovation). 2021c. Greenhouse Gas Removal Demonstrator Projects [EB/ OL]. https://www. ukri. org/wp-content/uploads/2021/05/NERC-240521-GreenhouseGasRe-movalDemonstratorProjects. pdf [2021-10-26]

UKRI (UK Research and Innovation). 2021d. Studying how trees can help the UK reach net zero emissions [EB/OL]. https://www. ukri. org/news/studying-how-trees-can-help-the-uk-reach-net-zero-emissions/ [2021-11-08]

UKRI (UK Research and Innovation). 2021e. Addressing the effect of offshore windfarms on marine ecosystems [EB/OL]. https://www. ukri. org/news/addressing-the-effect-of-offshore-windfarms-on-marine-ecosystems/ [2021-11-08]

UKRI (UK Research and Innovation). 2021f. Future flight vision and roadmap [EB/OL]. https:// www. ukri. org/publications/future-flight-vision-and-roadmap/ [2021-11-12]

UKRI (UK Research and Innovation). 2021g. Eleven projects launched to decarbonize heating and cooling [EB/OL]. https：//www. ukri. org/news/eleven- projects- launched- to- decarbonise-heating-and-cooling/ [2021-11-12]

UNEP. 2021. Action Plan for the Decade on Ecosystem Restoration [EB/OL]. https：//wedocs. unep. org/handle/20. 500. 11822/34950；jsessionid = D61C6FC35E74B3A129471E0405 D247F5 [2021-11-08]

UNEP, FAO. 2021. Ecosystem Restoration Playbook：A Practical Guide to Healing the Planet [EB/OL]. https：//unenvironment. widen. net/s/ffjvzcfldw/ecosystem- restoration- playbook [2021-11-08]

UNEP, GPI. 2021. Economics of Peatlands Conservation, Restoration, and Sustainable Management [EB/OL]. https：//wedocs. unep. org/bitstream/handle/20. 500. 11822/37262/PeatCRSM. pdf [2021-11-28]

Verkerk P J, Giuseppe C, Hans V A N M, et al. 2021. Future transitions for the bioeconomy towards sustainable development and a climate- neutral economy – modelling needs to integrate all three aspects of sustainability [R]. Seville：Joint Research Centre

Wang S, Zhang Y, Ju W, et al. 2020. Recent global decline of CO_2 fertilization effects on vegetation photosynthesis [J]. Science, 370 (6522)：1295-1300

Watson A J, Schuster U, Shutler J D, et al. 2020. Revised estimates of ocean- atmosphere CO_2 flux are consistent with ocean carbon inventory [J]. Nature Communications, 11：4422

WBCSD. 2020. Forest Sector SDG Roadmap：Implementation Report [EB/OL]. https：//www. wbcsd. org/Sector- Projects/Forest- Solutions- Group/Resources/Forest- Sector- SDG- Roadmap- Imple-mentation- Report [2021-11-08]

WRI. 2020. Leveraging the ocean's carbon removal potential [EB/OL]. https：//www. wri. org/blog/2020/10/ocean- carbon- dioxide- sequestration [2021-11-08]

附录 | 国际碳中和政策行动及其关注的科技问题汇总

附表 1 能源清洁低碳利用

重大科技与工程问题	国家/机构/组织	政策行动部署	行动要点
化石能源清洁高效转化利用	欧洲催化研究集群	欧洲催化科学与技术路线图	未来 10~20 年优先发展二氧化碳催化转化
	美国能源部	化石能源路线图	开发高效低碳燃煤发电（包括碳捕集）、煤基原料/废物生产稀土氧化物等高价值产品、化石能源智能基础设施等技术；建立多个煤基高价值产品创新中心
高比例可再生能源系统	美国	2035 年实现电力系统脱碳	加快电力脱碳进程，到 2035 年实现电力零碳排放
	英国	2035 年实现电力系统脱碳	部署新一代本土绿色技术，包括风电、氢能、太阳能、核能、CCUS 等
		2.65 亿英镑可再生能源支持计划	2 亿英镑用于海上风电项目，5500 万英镑用于新兴可再生能源技术开发，1000 万英镑用于陆上风电、太阳能和水电等成熟技术研发与部署
	欧盟	海上可再生能源战略	到 2050 年需要投资近 8000 亿欧元大力发展海上风电、海洋能等
		"地平线欧洲"研发框架计划	设立"全球领先的可再生能源"主题，2021 年和 2022 年预算分别为 3.35 亿欧元和 3.685 亿欧元，涵盖了可再生能源领域 44 项技术
	德国	国家能源和气候计划	2030 年将可再生能源电力占比提升到 65%，在终端能源消费总量中占比提升到 30%

续表

重大科技 与工程问题	国家/机构/ 组织	政策行动部署	行动要点
高比例可再 生能源系统	日本	《能源基本计划》 草案	2030 年可再生能源电力占比提高至 36%~38%
		2050 碳中和绿色增 长战略	到 2050 年可再生能源发电量占比达 50%~60%
	韩国	2050 碳中和推进 战略	打造以海上风能等为中心的电力系统，到 2030 年 可再生能源发电量占比达 20%
高比例可再 生能源系统 （太阳能）	欧盟	光伏战略研究与创 新议程	2030 年实现钙钛矿太阳能电池商业部署并达到 23% 转换效率
	美国	人工光合系统制太 阳能燃料技术研发	未来 5 年将资助 1 亿美元支持人工光合系统制太阳 能燃料技术研发，旨在实现 10% 的太阳能到燃料 的高效转化
		太阳能未来研究	推进太阳能和储能先进技术研发，降低太阳能光 伏发电成本
	日本	2050 碳中和绿色增 长战略	到 2030 年太阳能电池发电成本降至 14 日元/（kW· h），"绿色创新基金"启动"下一代太阳能电池"项 目（资助总额上限 498 亿日元）招标
	英国	2035 年电力系统脱 碳计划	加快部署太阳能等新一代本土绿色技术
高比例可再 生能源系统 （风能）	欧盟	海上可再生能源 战略	到 2030 年海上风电装机容量提高至 6000 万 kW 以 上，到 2050 年进一步提高到 3 亿 kW，并部署 4000 万 kW 的海洋能及其他新兴技术作为补充
		风能路线图	加速推进下一代大功率风力发电机研发
	美国	国家海上风能战略	到 2050 年新增 8600 万 kW 海上风电装机容量
		2030 年海上风电 目标	部署 3000 万 kW 海上风电机组，支持开发海上风 电创新基础结构、风力涡轮机供应链相关技术、 电力系统创新技术等解决方案
		海上风能产业战略	进一步降低海上风电技术成本，实现海上风电占 比 30% 的目标
	英国	绿色工业革命十点 计划	到 2030 年投资约 1.6 亿英镑建设现代化港口和海 上风电基础设施，发电量翻两番，达到 4000 万 kW；投入 2.66 亿英镑开发下一代风力涡轮机以打 造世界级风电制造基地

重大科技 与工程问题	国家/机构/ 组织	政策行动部署	行动要点
高比例可再 生能源系统 （风能）	日本	2050 碳中和绿色增 长战略	发展海上风电，推进新型浮动式海上风电技术研 发，打造具备竞争力的本土产业链；"绿色创新基 金"已启动"低成本海上风力发电"资助项目（资 助总额上限 1195 亿日元）招标，到 2030 年着床式 风力发电的发电成本降至 8 ~ 9 日元/（kW·h）
高比例可再 生能源系统 （生物质能）	美国	生物经济行动实施 框架	美国生物质研发委员会提出要最大限度促进生物 质资源在平价生物燃料、生物基产品和生物能源 方面的持续利用，促进经济绿色增长、能源安全 和环境改善
		农业创新议程	美国农业部提出优先事项之一就是重点强调增加 可再生能源原料的生产，提高生物燃料的生产效 率和竞争力，实现到 2030 年交通运输燃料的掺混 率（由市场驱动）达到 15%，到 2050 年达到 30%
		高掺混基础设施激 励计划	美国农业部提供 1 亿美元资助，建设生物能源基础 设施，促进生物燃料的供应和使用
		美国农业部科学 蓝图	美国农业部提出未来 5 年科学发展的重点，要增加 整个农业系统和生物经济的产品与创新的价值， 包括生物燃料和生物能源及新兴的补充与替代作 物等
		美国能源部生物质 能科技创新资助	美国能源部近三年平均每年资助金额在 2.5 亿美元 以上，2020 年重点部署利用固体废弃物和藻类转 化生物能源、生物燃料混合物性能改良、提高生 物能源产品的碳效益，2021 年更加关注藻类转化 二氧化碳、利用低碳能源扩大直接空气捕集技术、 可持续航空燃料（SAF）研发等方向。2021 年 9 月，美国能源部、交通部和农业部共同发起可持 续航空燃料大挑战，联邦政府投资 43 亿美元，通 过技术创新降低 SAF 成本、提高 SAF 产量，以达 到 2030 年供应至少 30 亿 gal、2050 年供应 350 亿 gal 的目标

重大科技 与工程问题	国家/机构/ 组织	政策行动部署	行动要点
高比例可再生能源系统（生物质能）	欧盟	战略创新与研究议程（SIRA 2030）	欧盟生物基产业联盟提出"2050年建立循环生物社会"的愿景，即"一个具有竞争力、创新和可持续发展的欧洲，引领向循环型生物经济转变，使经济增长与资源枯竭和环境影响脱钩"，设立了2030年之前建立减缓气候变化的碳中和价值链、生物质原料（可再生碳源）的可持续供应等重要目标
		农业与生物经济融资计划	欧洲投资银行（EIB）对农业和生物经济领域提供近7亿欧元的投资，并预计将带动欧洲各地近16亿欧元的投资，旨在支持私营企业在食品、生物基材料和生物能源生产加工的整个价值链中开展业务
		生物经济未来向可持续发展和气候中和经济的转变：2050年欧盟生物经济情景展望	欧盟委员会对欧洲乃至全球生物经济的气候中和与可持续发展趋势进行了情景分析，以促进欧盟生物经济战略目标的实现和联合国可持续发展目标（SDG）的达成
		欧盟生物基产业联盟研发资助	每年为生物基研发提供超过1亿欧元的经费资助，近几年关注的重点是促进现有新价值链的可持续生物质原料的供应；通过研究、开发和创新优化综合生物精炼厂的高效加工过程；为既定市场应用开发创新生物基产品；加速市场对生物基产品和应用的接受度
	英国	绿色工业革命十点计划	作为十点计划的一部分，英国交通部在2021年3月宣布了"绿色燃料、绿色的天空竞争"计划（GFGS），以支持英国公司率先采用新技术将家庭垃圾、废木材和多余电力转化为可持续航空燃料（SAF）

重大科技与工程问题	国家/机构/组织	政策行动部署	行动要点
高比例可再生能源系统（生物质能）	英国	净零创新组合投资	BEIS 于 2021 年 8 月宣布为生物质原料创新方案项目提供 400 万美元资助，通过生物质原料（非粮能源作物、林业资源及海藻等）的培育、种植和收获等环节的创新，提高英国的生物质生产能力，为构建多样化绿色能源组合提供原料，进而实现应对气候变化的目标
		英国生物技术与生物科学研究理事会研发资助	在 2016～2020 年提供超过 7500 万英镑，支持材料、化学品和生物能源的加工与生产的研究和开发，以及创新工艺的开发和商业化；英国还承诺在 2019～2024 年为"工业生物技术和生物能源网络（BBSRC NIBB）"行动第二阶段提供约 1100 万英镑的资金，进一步支持可持续生物制造的研究和转化
	加拿大	国家生物经济战略	促进加拿大生物质和残余物的最高价值化，同时减少碳足迹，实现有效管理自然资源的目标
		生物质研究集群	2019 年 2 月获得来自政府和工业界的资助 1010 万加元用于改进农业生物质能加工技术，2019 年 4 月通过加拿大农业伙伴关系项目获得 3220 万加元用于生物燃料研究集群、生物基产品集群发展
		清洁燃料基金	加拿大在 2021 年政府预算中提出在 5 年内投资 15 亿美元，用于新建或扩大现有清洁燃料生产设施；支持可行性和前端工程与设计研究；改善清洁能源的生物质原料（如森林残留物、城市固体废弃物和农作物残留物）供应；制订支持性规范和标准，帮助清洁燃料进入市场

重大科技与工程问题	国家/机构/组织	政策行动部署	行动要点
核能安全高效经济可持续利用	美国	战略愿景	到 2026 年，在运行核电站中成功部署反应堆数字安全系统。到 2024 年，示范并测试一个通过先进制造技术制造的微型反应堆堆芯；到 2025 年，实现商业微型反应堆的示范；到 2029 年，投运第一座商用小型模块化反应堆。2022 年，实现国产高含量低浓缩铀（HALEU）燃料技术的示范；到 2023 年，通过非国防原料提供多达 5t HALEU 燃料；到 2025 年，开始用事故耐受型燃料（ATF）取代美国商业反应堆的现有燃料；到 2030 年，评估先进反应堆的燃料循环，实现 ATF 的广泛应用。2022 年，示范一个可扩展的核能制氢试点电厂
		重塑美国核能竞争优势：确保美国国家安全战略	为保持在下一代核技术中的领导地位，美国致力于先进核反应堆设计和小型模块化反应堆等方面的研发，授权建立国家反应堆创新中心和多功能试验反应堆；资助美国先进核反应堆技术的研发，并允许与私人企业合作示范先进核反应堆；使用小型模块化反应堆和微型反应堆为联邦设施供电，并通过行政命令实施政策来确定小型模块化反应堆可以满足增强或补充国内军事设施能源需求的可能性等
		先进反应堆示范计划	通过成本分摊机制加速先进反应堆示范。计划提供 1.6 亿美元初始资金，未来 5～7 年内投运两座先进示范堆。在爱达荷州和伊利诺伊州厂址部署微堆（MMR）
	英国	低碳 21 世纪 20 年代：十年的方向	采用管制资产基础（RAB）模式为新核电项目提供融资并为在 2030 年前实现小型堆部署提供支持。提出 18 项政策建议，包括：提高低碳电力供应，快速减少交通行业的碳排放，以及通过新技术和提高能效来解决脱碳进程中的长期性挑战

续表

重大科技 与工程问题	国家/机构/ 组织	政策行动部署	行动要点
核能安全高 效经济可持 续利用	英国	迈向聚变能源: 英国聚变战略	英国通过在本土建造一座原型聚变发电厂,将能源输送到电网上,来证明聚变的商业可行性,使英国成为全球第一个将聚变能源技术商业化的国家;英国要建立世界领先的聚变能产业,在随后的几十年里向全世界输出聚变能技术
		氢能路线图	到2050年,英国1/3的氢需求(75TW·h/a)由核能生产。概述了大规模和小型模块化反应堆(SMR)如何为生产无碳氢提供电力和热量。现有大型核电站可通过电解法大规模生产氢气,而SMR预计将在未来10年内部署,使在工业集群附近制氢成为可能
	日本	2050碳中和绿色 增长战略	有效利用国际合作来推进快堆研发。2024年以后,为了缩小可供选择的技术范围,利用日本原子能源署(Japan Atomic Energy Agency, JAEA)所拥有的"常阳"实验快堆进行辐照试验,加速推进"常阳"堆重启相关的准备。到2030年建立高温气冷堆制氢相关基础技术,通过国际合作示范小型模块化反应堆技术;通过包括国际热核聚变实验堆(ITER)计划在内的国际合作,推进聚变能研发;在2030年前实现大规模、低成本的无碳制氢。同时,支持发展包括IS工艺(热化学碘硫循环法)和甲烷热解在内的超高温无碳制氢方法
	俄罗斯	俄罗斯2035年前 能源战略	实现快堆核燃料闭式循环,到2035年,快堆装机容量从1.48GW增至1.78 GW。在2035年前新增300 MWe铅冷快堆项目装机容量
	经济合作与 发展组织核 能署	核电厂长期运行 与脱碳战略	对于已经在使用核电的国家,在能源转型过程中可以采取两种措施推动核能的可持续发展,即开展核电建设和实施核电厂延寿。运营商可通过定期内部评估和外部同行审查等方式,查明现有老化管理大纲的不足之处,并了解国际上最佳老化管理方案,进而优化管理大纲。保持现有低碳装机容量;加强设备老化机理和管理的技术研究并开展国际合作;支持新技术的应用和核电机组的升级

续表

重大科技 与工程问题	国家/机构/ 组织	政策行动部署	行动要点
核能安全高 效经济可持 续利用	经济合作与 发展组织核 能署	小型模块化反应 堆：挑战与机遇	现行取证体系主要基于使用氧化铀燃料（铀-235 丰度低于5%）的大型轻水堆运行经验。核能机构 成员方应积极推进小堆技术研发，以及研究在人 口密集区建设小型模块化反应堆
	国际原子能 机构	小堆部署技术路 线图	包括小堆部署技术路线图的背景、目标、范围和 结构；小堆部署的现状、不同种类的技术路线图 及其重要性；小堆部署的前景和面临的阻碍，以 及各成员方可采用的、用以初步评估技术准备情 况的指标，报告的附录中补充介绍了目前在运的 和在建的三种小堆及其采用的技术与安全措施
氢能绿色安 全高效转化 利用	欧盟	欧洲氢能路线图： 欧洲能源转型的 可持续发展路径	到2050年氢能占欧洲终端能源需求的24%
		氢能与燃料电池 联合研究计划实 施规划	未来10年重点围绕电解质，催化剂与电极，电堆 材料与设计，燃料电池系统，建模、验证与诊断， 氢气生产与处理，储氢7个领域开展研究
		欧洲氢能战略	分三步实现到2050年可再生能源制氢技术的大规 模部署
	美国	氢能计划发展 规划	明确未来10年将在制氢、输运氢、储氢、氢转化 和终端应用等领域开展研发活动
		氢能攻关计划	到2030年使清洁氢成本降低80%
	日本	氢能路线图	到2030年建立大规模氢能供给体系并实现氢直燃 发电的商业化
		氢能与燃料电池 技术开发战略	确定了燃料电池、氢能供应链、电解水产氢三大 技术领域的优先研发事项
		革新环境技术创 新战略	以氢能技术创新为突破构建氢能社会体系
		2050碳中和绿色 增长战略	到2030年将氢能年度供应量增加到300万t，到 2050年氢能年度供应量达到2000万t；到2030年， 实现氨混燃料在火力发电厂的使用率达到20%， 到2050年实现纯氨燃料发电，年供应能力达1亿t

重大科技 与工程问题	国家/机构/ 组织	政策行动部署	行动要点
氢能绿色安全高效转化利用	日本	"大规模氢供应链建设""利用可再生能源等电力电解制氢"专项资助计划	推进构建氢能产业供应链,通过电力转换为其他载体(Power to X)技术促进氢能的普及
		"氢还原炼钢"技术研发与应用计划	资助总额上限达 1935 亿日元,到 2030 年开发出实现二氧化碳减排 50% 以上的高炉氢还原技术和氢直接还原技术
		"燃料氨供应链建设"专项资助计划	资助氨供应成本降低所需技术及利用氨发电的高比例混烧、专烧工艺,资助总额上限为 688 亿日元
	英国	绿色工业革命十点计划	到 2030 年实现 500 万 kW 的低碳氢能产能供给
		国家氢能战略	到 2025 年,英国实现 100 万 kW 低碳制氢产能;到 2030 年,成为全球氢能领导者,实现 500 万 kW 的低碳制氢能力以推动整个经济脱碳
		核能制氢路线图	利用核能大规模生产绿氢,即 1/3 的氢需求(75TW·h/a)由核能生产
	德国	国家氢能战略	力争成为绿氢技术的全球领导者,到 2030 年绿氢将占氢气总供应量的 20%
		绿氢旗舰项目	投入 7 亿欧元支持 3 个绿氢旗舰项目,以开发先进绿氢技术,推进德国氢能战略的实施
	法国	法国无碳氢能的国家战略	到 2030 年投入 70 亿欧元发展绿色氢能,促进工业和交通等部门脱碳
	英国皇家学会	气候变化:科学与解决方案	氢和氨在净零经济中具有重要的潜在作用,能够以多种方式生产和使用,且能够由可再生能源生产并应用于难以脱碳的领域,并可作为能源存储和运输的介质
	国际能源署	氢能未来:抓住当下发展机遇	使工业港口成为扩大清洁氢气使用的"神经中枢",开通氢能行业第一条国际航线
	欧洲氢能组织	"三步走"氢经济发展路线图	氢将成为重要的能源载体,对保持和提高欧盟的工业与经济竞争力尤为重要

附表2　新型电力系统

重大科技与工程问题	国家/机构/组织	政策行动部署	行动要点
新型低成本规模化储能	美国	储能大挑战	加速下一代储能技术的开发、商业化和应用，以建立美国在储能领域的全球领导地位
		长时储能攻关	在未来10年内实现将电网规模、长时储能成本降低90%的新目标，以解决储能发展的技术挑战和成本障碍
		国家锂电蓝图2021—2030	解决新材料的突破性科学挑战，发展满足日益增长的电动汽车和储能市场需求的制造基地，以构建美国锂电池供应链
		国家级电力储能研发中心——电力储能工作站（GLS）	加快推进先进的、电网级别的低成本长时储能技术研发和部署工作，以并网消纳更多的可再生能源，推进美国电网现代化
	欧盟	电池战略行动计划	设立一个规模为10亿欧元的新型电池技术旗舰研究计划，创建欧洲电池技术创新平台"电池欧洲"，以确定电池研究优先领域、制订长期愿景、阐述战略研究议程与发展路线
		"电池2030+"联合研究计划	发布电池研发路线图，提出未来10年欧盟电池技术研发重点，开发智能、安全、可持续且具有成本竞争力的超高性能电池，加速建立具有全球竞争力的欧洲电池产业
		电池战略研究议程	明确到2030年电池应用、电池制造与材料、原材料循环经济、欧洲电池竞争优势四方面关键行动，旨在推进电池价值链相关研究和创新行动的实施
	日本	2050碳中和绿色增长战略	开发性能更优异但成本更低廉的新型电池技术
		新型高效电池技术开发第二期项目	攻克全固态电池商业化应用的技术瓶颈，为在2030年左右实现规模化量产奠定技术基础

续表

重大科技与工程问题	国家/机构/组织	政策行动部署	行动要点
新型低成本规模化储能	英国	工业战略挑战基金	设立"法拉第电池挑战"资助主题，旨在探索电化学储能技术研发与商业化应用
	英国皇家学会	气候变化：科学与解决方案	未来电池储能解决方案将在净零世界发挥重要作用，建议加大投入支持下一代成本更低、能量密度更高的全新电池
	欧洲专利局、国际能源署	全球电池和电力储能技术创新专利分析	在可持续发展情景下，到 2040 年所有终端应用部门对电池和其他储能设备的需求接近 1 万 GW·h
多能融合智慧能源系统	美国	综合能源系统路线图 2020	发展核能综合能源系统的关键反应堆技术，并提出了相应研发及示范路线图
		综合能源系统：协同研究机遇	提出构建燃煤发电复合能源系统、聚光太阳能多能流系统、核能–可再生能源等多能流综合能源系统
		美国能源部成立人工智能与技术办公室	布局基础研究与能源技术，进行"人工智能+"创新，已开展了 AI 技术在清洁煤电、可再生能源、核聚变等领域的研究
	欧盟	能源系统 2050 愿景：集成智能网络的能源转型	以电力系统为主体，将储能技术和各种能源载体网络通过转换技术融合在一起
		综合能源系统 2020—2030 年研发路线图	未来 10 年欧盟综合能源系统研究和创新的重点领域与优先事项
		2021—2024 年综合能源系统研发实施计划	明确了未来 4 年将实施的关键研究创新优先事项及相应预算
		能源部门数字化行动计划	推动能源转型的关键是进行能源全系统数字化改革，加速在能源供应、基础设施和消费部门实施数字解决方案与现代能源系统集成

续表

重大科技 与工程问题	国家/机构/ 组织	政策行动部署	行动要点
多能融合智慧能源系统	日本	福岛系能源社会	探索到 2040 年构建 100% 可再生能源供应、基于氢能、发展智慧社区的未来多能融合能源系统
	德国	国家氢能战略	支持基于氢能的综合能源网络研究，构建未来融合高比例可再生能源的清洁能源系统
	英国	智能系统与灵活性计划、能源数字化战略	建立以数据和数字化为基础的智能灵活能源系统
	英国皇家学会	气候变化：科学与解决方案	数字技术可以通过在全球经济中实现碳减排并限制计算本身造成的排放，在低碳转型中发挥重要作用

附表3 工业过程低碳化

重大科技 与工程问题	国家/机构/ 组织	行动要点
工业燃料、原料低碳化或零碳化	美国	2021 年 2 月，美国成立新的气候创新工作组，确定了新的议程重点，其中包括无碳热量和工业过程
	美国能源部	2021 年 5 月 28 日，美国能源部 2022 财年预算提出 5 个优先领域，工业部门脱碳资助的方向重点是支持依靠氢等可再生能源和燃料为工业过程提供动力的方法，利用碳捕集、利用技术，大幅提高效率
	美国能源部	2020 年 11 月 12 日，美国能源部发布了更新版《氢能计划》，该计划在 2004 年以来有关氢项目愿景计划的基础上，对跨部门的氢研究计划进行了更新和扩展，提出 10 个方面的技术需求和氢研发重点。在氢燃烧方面，提出需要额外的研发投入来研究诸如自燃、回火、热声学、混合要求、空气热传递、材料问题、调节/燃烧动力学、氮氧化物排放和其他与燃烧相关的现象
	美国能源部	2021 年 7 月底，美国能源部拨款 4230 万美元用于支持发展下一代制造工艺、开发提高产品能效的新型材料及改进能源储存、转换和使用的系统与流程；推动现实环境技术测试并由能源部专家进行效果评估

续表

重大科技 与工程问题	国家/机构/ 组织	行动要点
工业燃料、 原料低碳化 或零碳化	英国商业、 能源和工业 战略部	2020年11月19日，英国商业、能源和工业战略部发布《绿色工业革命十点计划》，围绕工业减排等核心领域，通过净零创新组合投资提供10亿英镑支持开展研究与创新。工业减排主要通过低碳氢技术和CCUS技术实现。具体措施包括：2023年与工业界合作完成必要的测试，以允许将高达20%的氢气掺入燃气分配网中的所有燃气网，支持工业界在当地社区开始进行氢加热试验；2025年将支持工业界开始一个大型村庄的氢供热试验
	英国研究与 创新署	英国研究与创新署通过"工业战略挑战基金"分两阶段提供超3亿英镑在产业集群中研发和测试绿氢制备、集群内共享基础设施、氢燃料供应与CCUS项目部署
	英国商业、 能源和工业 战略部	2021年3月17日，英国商业、能源和工业战略部发布《工业脱碳战略》。支持采用从化石燃料到氢、电或生物质等低碳替代品的工业燃料转换；审查生物能源在工业中的使用，为2022年生物能源战略提供证据
	英国商业、 能源和工业 战略部	2021年8月，英国商业、能源和工业战略部发布《国家氢能战略》。通过工业燃料转换、"氢就绪"工业设备、氢供热试验等，促进重工业减排
	英国商业、 能源和工业 战略部	2020年6月29日，英国商业、能源和工业战略部宣布将提供近8000万英镑的投资，减少高耗能工业和房屋的碳排放。其中，向高耗能工业的14个能源密集型项目提供1650万英镑，用于开发新技术与新工艺，主要包括工业燃料转换、电气化、碳捕集和利用等
	英国商业、 能源和工业 战略部	2021年3月3日，英国商业、能源和工业战略部通过净零创新组合投资提供1000万英镑支持燃料转换技术和使能技术。燃料转换技术包括利用电气化、氢、生物质及废物等，扩大可持续来源的生物质原料和能源作物的生产。使能技术包括燃料转换、运输和储存

重大科技 与工程问题	国家/机构/ 组织	行动要点
工业燃料、 原料低碳化 或零碳化	英国商业、 能源和工业 战略部	2021年5月24日，英国商业、能源和工业战略部宣布投资1.66亿英镑支持绿色技术研究，包括开发碳捕集、温室气体去除和氢能技术，同时还将帮助寻找英国的污染行业（包括制造业、钢铁、能源和废物）脱碳的解决方案，帮助实现《绿色工业革命十点计划》承诺。其中，将拨款6000万英镑用于支持英国低碳氢气的发展，应用场景从火车和轮船等交通工具到工厂和家庭供暖系统，资助方向包括低碳氢生产、零碳氢生产、氢储存与分配及零碳氢供应解决方案等
	英国商业、 能源和工业 战略部	2021年10月11日，英国商业、能源和工业战略部净零创新组合投资启动5500万英镑的工业燃料转换竞赛项目，资助年限为2021~2025年，支持技术成熟度为4~7级的燃料转换技术的创新，帮助工业从高碳燃料向低碳燃料转变
	德国联邦 内阁	2020年6月10日，德国联邦内阁发布《国家氢能战略》，确定氢作为工业可持续能源的来源。提出转换当前工业材料中的灰氢为绿氢，包括氢原料，以及与二氧化碳结合生产化学品等。借助氢和氢基础、采用PtX法制备的原材料推动碳密集型工业过程脱碳
	德国联邦教 育与研究部	2021年1月13日，德国联邦教育与研究部投资7亿欧元支持三个氢能重点研究项目，以期解决德国发展氢能经济过程中的技术障碍，落实《国家氢能战略》。这也是该部门在德国能源转型领域迄今投入最大的资助计划。H_2Giga、H_2Mare和TransHyDE三个项目分别探索解决电解槽批量生产、海上风能制氢和氢气安全运输问题
	德国联邦经 济与能源部	2021年7月29日，德国联邦经济与能源部为法国液化空气公司的绿氢生产项目提供1090万欧元资金，用于建造一台20MW的电解槽，连接到液化空气公司现有的氢气管道基础设施中，为德国关键行业提供绿氢。该项目是德国第一个从《国家氢能战略》下的经济刺激计划获得资金的项目，也是德国第一个在气候政策和工业方面展示绿氢潜力的大型工业项目

重大科技与工程问题	国家/机构/组织	行动要点
工业燃料、原料低碳化或零碳化	欧盟委员会	2019 年 12 月，欧盟委员会发布《欧洲绿色协议》，提出 2030 年之前在关键工业部门开发突破性技术的首批商业应用，优先领域包括清洁氢、燃料电池和其他替代燃料、能源储存及碳捕集、利用与封存
	欧盟委员会	2020 年 7 月 8 日发布《能源系统集成战略》，提出扩大终端用能部门的直接电气化。在直接加热或电气化不可行、效率不高或成本较高的终端应用中使用可再生能源和低碳燃料（包括氢），如在工业过程、重型卡车和铁路运输中使用可再生氢
	欧盟委员会	2020 年 3 月 10 日，欧盟委员会发布《新工业战略》。在支持各行业以实现气候中立方面，能源密集型产业的脱碳与现代化改革将是一项首要任务，欧洲需要新的工艺流程和更清洁的技术来降低生产成本
	欧盟委员会	2020 年 7 月 8 日，欧盟委员会发布《欧洲氢能战略》，探讨了如何通过投资、监管、市场创建及研究和创新将氢能潜力变为现实。具体路线目标如下：在第一阶段（2020～2024 年），氢能发展的目标是降低现有制氢过程的碳排放并扩大氢能应用领域，将其从现有的化学工业领域扩展到其他领域；第二阶段（2024～2030 年），使氢能成为综合能源系统的重要组成部分；第三阶段（2030～2050 年），可再生能源制氢技术将逐渐成熟，其大规模部署可以使所有脱碳难度系数高的工业领域使用氢能代替
	欧盟委员会	2020 年 7 月 3 日，欧盟"创新基金"首次征集提案，呼吁为清洁技术大型项目（如清洁氢、其他低碳解决方案、储能、电网解决方案及碳捕集与封存等）提供 10 亿欧元的赠款，以帮助其克服与商业化和大规模示范相关的风险，为将新技术推向市场提供支持。对于尚未投入市场但有前景的项目，将单独拨款 800 万欧元作为开发援助
	欧盟委员会	2021 年 6 月 6 日，欧盟委员会通过了"地平线欧洲"2021～2022 年主要工作计划，明确了两年的研发目标和具体主题。工业领域 2021 年和 2022 年投资分别为 3000 万欧元和 1800 万欧元，拟资助主题包括：①90～160℃供热升级系统的全规模示范，利用可再生能源、环境热或工业废热为各种工业过程供热；②基于有机朗肯循环的工业废热发电技术；③150～250℃供热升级系统的开发和试点示范，利用可再生能源、环境热或工业废热为各种工业过程供热；④开发工业高温储热技术

续表

重大科技与工程问题	国家/机构/组织	行动要点
工业燃料、原料低碳化或零碳化	欧盟委员会	2021年7月27日，欧盟委员会在"创新基金"资助框架下投入1.22亿欧元，支持推进低碳能源技术商业化发展。其中，1.18亿欧元用于资助14个成员方的32个低碳技术小型创新项目，支持能源密集型工业脱碳、氢能、储能、碳捕集和可再生能源等领域创新技术的迅速部署。另外，440万欧元将支持10个成员方的15个技术成熟度较低的低碳项目，包括可再生能源、绿氢生产、零碳交通、储能、碳捕集等，旨在推进其技术成熟以在未来获得"创新基金"的进一步支持
	日本政府	2020年1月21日，日本政府颁布了《革新环境技术创新战略》，提出将在能源、工业、交通、建筑和农林水产业五大领域采取绿色技术创新以加快减排技术创新步伐。该技术创新战略提出了39项重点绿色技术，包括可再生能源，氢能，核能，碳捕集、利用与封存（CCUS），储能，智能电网等绿色技术。其中工业领域的绿色技术包括：电气化、氢还原炼铁、金属塑料等循环利用、CO_2循环利用
绿色冶金工业过程	美国国家科学基金会	2021年9月30日，美国国家科学基金会（NSF）提出一项行动呼吁"可持续性的关键方面（CAS）：气候变化的创新解决方案"鼓励向适当的现有NSF核心项目提交某些类型的提案，为学科和跨学科研究奠定基础，并回答与气候变化的新方法和解决方案相关的基本问题，侧重于短期和长期可持续解决方案的研究想法及确定现有研究方法中具体差距的会议提案
	美国国家科学基金会	2021年11月，美国国家科学基金会研究与创新的新兴前沿计划（EFRI）提出资助三个工程领域重点方向，其中包括关键矿物、金属和元素的可持续回收和供应。ELiS研究项目有可能通过整合活细胞、有机体，将植物和纳米生物杂种转化为能够执行现有工程系统无法完成的任务的系统，如自我复制、自我调节、自我修复和环境响应，重点关注可持续金属提取和资源回收的生物采矿

重大科技 与工程问题	国家/机构/ 组织	行动要点
绿色冶金工业过程	美国能源部	2021年7月底，美国能源部拨款4230万美元用于支持发展下一代制造工艺、开发提高产品能效的新型材料及改进能源储存、转换和使用的系统与流程；推动现实环境技术测试并由能源部专家进行效果评估
	美国能源部	美国能源部发起Better Plants计划，与领先的制造商和水务公司合作，以提高工业部门的能源效率和竞争力。通过Better Plants计划，合作伙伴自愿设定一个具体目标，通常是在10年内将所有美国业务的能源强度降低25%。能源部专家为合作企业提供生命周期分析、热电联产、工业供热、过程冷却、智能制造、能源管理工具开发等技术解决方案支持
	英国商业、能源和工业战略部	2021年，英国商业、能源和工业战略部发布《工业脱碳战略》，提出铁矿石电解等新工艺、CCUS等技术可能为"绿色钢铁"提供解决方案
	英国商业、能源和工业战略部	2021年8月，英国商业、能源和工业战略部相继推出未来产业计划（IFP）和第三阶段工业能效加速器（IEEA）计划以加快脱碳。作为净零创新组合投资的一部分，IFP将与产业界共同商定解决方案、要求及评估脱碳所需的设备，为包括数据中心等一系列产业、多达40个工业场所定制2050年脱碳路线图，包括最佳燃料转换方案、CCUS技术、潜在的工艺变革、工业设备改造升级、引进能源利用或优化技术及解决方案测试等。第三阶段IEEA计划将提供约800万英镑资助，以支持减排创新技术的开发和工业规模示范
	德国联邦政府	2020年6月10日，德国发布《国家氢能战略》，提出钢铁行业氢还原铁替代高炉工艺的目标
	德国联邦政府	2020年7月，德国联邦政府批准了"钢铁行动概念"的战略，列举了钢铁生产向气候友好型结构转变的举措，提出了逐步实现使用氢还原铁矿石替代焦煤炼钢的目标，将绿氢作为长期替代的燃料，并使用碳捕集和利用技术

重大科技 与工程问题	国家/机构/ 组织	行动要点
绿色冶金工业过程	德国联邦环境、自然保护与核安全部	2021年1月1日，德国联邦环境、自然保护与核安全部批准"工业脱碳"资助方案，旨在帮助钢铁、水泥、石灰、化学品和有色金属等能源密集型部门减少与工艺有关的温室气体排放。到2024年，该方案将总共提供约20亿欧元资助。优先资助事项包括：发展气候中性制造工艺取代高耗能制造工艺；发展基于电力的工艺创新和高效流程；集成生产流程和创新工艺
	欧盟委员会	2021年9月，欧盟委员会通过氢能欧洲共同利益重要项目共为德国62个氢项目拨款超过80亿欧元，侧重工业部门和交通部门的应用，工业部门的16个项目，主要针对低碳钢生产和化工行业的必要转型，包括燃料转化、氢冶金等
	德国联邦经济与能源部	2021年5月6日，德国联邦经济与能源部决定筹集至少50亿欧元用于2022～2024年钢铁行业的转型补贴。蒂森克虏伯和萨尔茨吉特等大型钢铁制造商将首次尝试用氢代煤
	德国联邦教育与研究部	早在2016年，德国联邦教育与研究部就部署了产学研合作的Carbon2Chem项目，执行周期为10年，总金额约为6000万欧元，是由蒂森克虏伯公司与德国弗劳恩霍夫协会、马克斯·普朗克学会及15个研究机构和工业伙伴合作的技术开发项目，旨在将钢铁生产的排放物（碳、氢、氮）用作化学品的原材料。2018年9月，Carbon2Chem项目成功地将钢厂废气转化为合成燃料，生产出第一批甲醇。2019年1月，成功利用钢厂废气生产氨
	法国生态转型与团结部	2020年9月8日，法国生态转型与团结部发布《国家氢能战略》，计划到2030年投入70亿欧元发展氢能，促进工业和交通等部门脱碳。其中，为促进工业脱碳，将投资约18.36亿欧元打造法国电解制氢行业，促进氢在炼油、化工（生产氨和甲醇等）行业的使用

重大科技 与工程问题	国家/机构/ 组织	行动要点
绿色冶金工业过程	法国政府	2021年1月8日，法国政府启动第四期未来投资计划，将在2021～2025年投入200亿欧元支持研究和创新，其中125亿欧元用于15个国家战略的定向创新。将启动的工业脱碳战略，重点在于提高生产工艺的能源效率；发展热脱碳等工业脱碳技术；推广脱碳工艺和碳捕集、利用与封存
	欧洲过程工业协会	2021年10月，欧洲过程工业协会发布了工业加工领域的《战略研究与创新议程》。其中提出钢铁和有色金属行业的减排措施。钢铁：①到2030年，生物煤和氢气可用于替代现有综合钢铁生产中的化石煤，从而减少高炉/转炉路线30%的碳排放量。②2030年后，氢基直接还原铁实现了无温室气体排放的炼钢，与沼气结合使用时，可在2050年完全消除190 Mt CO$_2$的直接排放。基于铁浴熔炼的新炼铁技术产生纯CO$_2$流，可作为二次资源或与CCS结合使用。可再生能源（沼气和电力）可用于精加工和其他小型作业。③废钢循环利用。有色金属：①转向无温室气体排放的电力将减少大部分碳排放（20 Mt CO$_2$）。②到2030年，化石燃料排放（10 Mt CO$_2$）方面可以通过提高能源效率和使用生物甲烷气来减少温室气体排放。2030年后，氢气可以用来替代天然气，2040年后加热器的电气化成为可能。③过程CO$_2$排放量（5 Mt CO$_2$）可以通过使用惰性阴极或生物煤阴极来减少。④有色金属循环利用
	日本经济产业省	2021年9月14日，日本经济产业省发布"绿色创新基金"资助下的"氢还原炼钢"技术研发与应用计划，主要内容包括：①高炉氢还原技术：开发在高炉中用氢气还原铁矿石、将产生的二氧化碳转换为还原剂的技术，旨在实现高炉脱碳。②氢直接还原技术：开发用氢直接还原铁矿石和电弧炉去除杂质技术，旨在通过氢直接还原技术制备优质钢。目标是到2030年开发出实现二氧化碳减排50%以上的高炉氢还原技术和氢直接还原技术。该计划资助总额上限将高达1935亿日元

重大科技与工程问题	国家/机构/组织	行动要点
工业 CCUS 大规模部署	美国能源部	建立多年期"碳捕集、利用与封存研发与示范计划"。2020 年确定的研发重点主要包括：①碳捕集：专注于先进的溶剂、固体吸附剂、膜、混合系统和其他创新技术（如低温捕集系统），与当今发电厂的技术成本相比将碳捕集成本降低 33%，达到每吨 30 美元。研究多学科方法创新和创造新的捕集技术与系统。②碳利用：推动新的矿化、生物、物理和化学途径的研发，研究重点是降低成本和突破能源壁垒，使碳利用转化途径更具经济性
	美国国家石油委员会	2019 年年底，美国国家石油委员会（NPC）发布了受美国能源部委托完成的《迎接双重挑战：碳捕集、利用与封存规模化部署路线图》报告，提出了未来 25 年内实现大规模部署 CCUS 技术的发展路线。针对碳捕集：①改进碳捕集技术以用于燃煤烟气、天然气烟气和工业 CO_2 排放源；②推进开发用于气体分离的溶剂、吸附剂、膜和低温工艺，以及开发新型的具备碳捕集功能的能量循环系统；③制定成本和性能基准并进行公开评估；④降低碳捕集的总体成本及资本、运营和维护成本；⑤提升碳捕集系统的运行灵活性以适应加速循环；⑥评估碳捕集技术以确定最具技术性和经济性的选择；⑦探索复合碳捕集系统的应用。针对碳利用：①研究热化学转化；②研究电化学和光化学转化；③研究碳化与水泥；④研究生物转化；⑤研究提高 CO_2 采收率技术、垂直和水平一致性控制及先进的非常规储层成分建模技术
	美国能源部	2020 年 9 月 1 日，美国能源部化石能源办公室宣布在 CCUS 计划下资助 7200 万美元支持 27 个碳捕集技术研发项目，旨在降低发电、工业领域化石能源使用产生的碳排放。资助项目聚焦两大主题领域：①煤/天然气烟气中碳捕集的工程规模测试及工业源碳捕集的初步工程设计；②直接空气碳捕集技术的创新研究和开发
	美国能源部	2020 年 4 月 24 日，美国能源部宣布资助 1.31 亿美元支持先进 CCUS 技术研发，旨在研发高性能、低成本的工业碳源捕集技术。项目类型涉及两个领域：①工业烟气中 CO_2 捕集技术的初步工程设计；②燃烧后 CO_2 捕集技术的工业规模示范

续表

重大科技 与工程问题	国家/机构/ 组织	行动要点
工业 CCUS 大规模部署	美国能源部	2021 年 4 月 23 日，美国能源部宣布投入 7500 万美元推进天然气发电和工业部门变革性碳捕集研发。将支持开发用于天然气联合循环（NGCC）发电厂和工业过程的低成本、高效、可扩展的碳捕集技术
	美国能源部	2021 年 10 月 6 日，美国能源部宣布为 12 个项目资助 4500 万美元，以推进点源 CCS 技术发展。这些技术能够捕集天然气、电力及生产水泥和钢铁等大宗商品的工业设施产生的 95% 的 CO_2。12 个项目主要涉及三个领域：①碳捕集研究和开发；②碳捕集技术的工程规模测试；③碳捕集系统的工程设计研究
	英国商业、能源和工业战略部	2020 年 11 月 19 日，英国商业、能源和工业战略部发布《绿色工业革命十点计划》，围绕工业减排等核心领域，通过净零创新组合投资提供 10 亿英镑支持开展研究与创新。利用 CCUS 技术，实现 2023 ~ 2032 年减少 40 Mt CO_2 的排放。具体措施包括：2021 年与工业界合作部署 CCUS 项目并制定收益机制；到 2030 年促进 CCUS 在 4 个产业集群的部署
	英国商业、能源和工业战略部	2021 年 3 月 17 日，英国商业、能源和工业战略部发布《工业脱碳战略》。通过支持 CCUS 的一流示范加快低碳技术创新和工业集群现场部署 CCUS 项目，实现工业产业结构转型
	英国商业、能源和工业战略部	2021 年 8 月，英国商业、能源和工业战略部发布《国家氢能战略》。通过甲烷重整技术、甲醇自热重整技术和生物能结合 CCS 制备低碳氢，到 2030 年实现 5GW 的低碳氢生产能力
	英国商业、能源和工业战略部	2021 年 5 月 24 日，英国商业、能源和工业战略部宣布投资 1.66 亿英镑支持绿色技术研究（净零创新组合投资 8600 万）。包括开发碳捕集、温室气体去除和氢能技术，寻找英国的污染行业（包括制造业、钢铁、能源和废物）脱碳的解决方案。具体包括：①投资 2000 万英镑用于支持下一代 CCUS 技术的发展，旨在将 CCUS 的适用性扩展到更大范围的工业化学品和水泥等用途，降低部署 CCUS 的成本，以便到 2030 年实现大规模部署；②投资 2000 万英镑用于建立一个虚拟工业脱碳研究和创新中心，加速关键能源密集型产业的脱碳，提供降低成本、风险和排放的解决方案，该中心将与 140 多个合作伙伴合作，共同为工业脱碳而努力

重大科技 与工程问题	国家/机构/ 组织	行动要点
工业 CCUS 大规模部署	欧盟委员会	2019 年 12 月，欧盟委员会发布《欧洲绿色协议》，提出 2030 年之前在关键工业部门开发突破性技术的首批商业应用，优先领域包括清洁氢、燃料电池和其他替代燃料、能源储存及 CCUS
	欧盟委员会	2021 年 6 月 6 日，欧盟委员会通过了"地平线欧洲"2021~2022 年主要工作计划，明确了两年的研发目标和具体主题。其中提出在 CCUS 领域，2021 年和 2022 年分别投资 3200 万欧元和 5800 万欧元，拟资助主题包括：①将 CCUS 集成至工业枢纽或集群，并开展知识共享活动；②通过新技术或改进技术降低碳捕集成本；③通过 CCUS 进行工业脱碳
	欧盟委员会	2021 年 7 月 27 日，欧盟委员会在"创新基金"资助框架下投入 1.22 亿欧元，支持推进低碳能源技术商业化发展。其中，1.18 亿欧元用于资助 14 个成员方的 32 个低碳技术小型创新项目，支持能源密集型工业脱碳、氢能、储能、碳捕集和可再生能源等领域创新技术的迅速部署。另外 440 万欧元将支持 10 个成员方的 15 个技术成熟度较低的低碳项目，包括可再生能源、绿氢生产、零碳交通、储能、碳捕集等，旨在推进其技术成熟以在未来获得"创新基金"的进一步支持
提高工业能源和资源利用效率	美国能源部	2021 年 2 月，美国能源部通过 ARPA-E 变革性能源技术解决方案提供 1 亿美元资助系列能源技术，其中包括提高工业效率并实现减排的材料技术（涉及玻璃、造纸、钢铁、水泥等），提高工业过程能源效率技术，热回收技术与相关设备及耐受极高温的材料，节能高效的先进制造等
	英国商业、能源和工业战略部	2020 年 11 月 19 日，英国商业、能源和工业战略部发布《绿色工业革命十点计划》。通过加快推进工业基础设施的建设，提高资源利用效率
	英国商业、能源和工业战略部	2021 年 3 月 17 日，英国商业、能源和工业战略部发布《工业脱碳战略》。在提高能源和资源效率方面，支持现场安装能源管理系统；改善各现场的余热回收和再利用；向循环经济模式过渡

重大科技 与工程问题	国家/机构/ 组织	行动要点
提高工业能 源和资源利 用效率	英国商业、 能源和工业 战略部	2021 年，英国通过净零创新组合投资和政府其他资金，拨款超 1.6 亿英镑支持物质回收与余热利用等项目。其中 8000 万英镑资助技术：①开发由回收废料制造的瓷砖釉料；②创造具有成本效益的低碳混凝土制造解决方案；③开发全球首个可与燃烧化石燃料进行商业竞争的高温热泵等。8600 万英镑资助范围：直接空气捕集、提高熔炼废金属和生产钢材过程中的能源效率、开发新工艺提高玻璃熔炉效率、熔炉废气废热回收、炼油厂燃烧加热器的燃料转换等技术
	英国商业、 能源和工业 战略部	2021 年 9 月 22 日，英国商业、能源和工业战略部决定投资 2.2 亿英镑，帮助英格兰、威尔士和北爱尔兰的高能耗企业进行工业流程改造，提高能源效率，减少排放。重点支持碳捕集和余热回收技术的项目部署，旨在减少化石燃料的使用。该资助是"工业能源转型基金"第二阶段的重要内容，其中与提高能源效率相关的项目资助金额最高为 1400 万英镑/项、与深度脱碳相关的项目资助金额最高为 3000 万英镑/项、与工程研究和可行性研究相关的项目最高资助金额分别为 1400 万英镑/项和 700 万英镑/项
	欧盟	2021 年 6 月 1 日，欧盟资助的"超临界 CO_2 循环运行环境示范以评估工业废热利用"项目（CO_2OLHEAT）正式启动。该项目由欧盟"地平线 2020"框架计划资助，总预算约 1880 万欧元（其中欧盟资助 1400 万欧元），项目执行期 4 年，将在真实工业环境中示范通过超临界 CO_2 循环利用工业废热发电，以支持工业脱碳
	欧盟委员会	2021 年 6 月 6 日，欧盟委员会通过了"地平线欧洲"2021～2022 年主要工作计划，明确了两年的研发目标和具体主题。其中在工业领域，2021 年和 2022 年分别投资 3000 万欧元和 1800 万欧元，拟资助主题包括：①90～160℃供热升级系统的全规模示范，利用可再生能源、环境热或工业废热为各种工业过程供热；②基于有机朗肯循环的工业废热发电技术；③150～250℃供热升级系统的开发和试点示范，利用可再生能源、环境热或工业废热为各种工业过程供热；④开发工业高温储热技术

重大科技与工程问题	国家/机构/组织	行动要点
提高工业能源和资源利用效率	日本新能源产业技术综合开发机构	2020年12月，日本新能源产业技术综合开发机构（NEDO）发布"能源/环境新技术领先研发计划"的研发主题。其中在能量物质循环利用方面提出：①采用碳循环技术以开发与现有燃料相同成本的生物燃料和合成燃料；②开发金属/塑料等高效循环利用技术，开发废物循环利用资源化新技术；③扩大未用热和可再生能源的热利用，开发利用固-固相变潜热的蓄热材料及热管理技术，开发超小型全固态冷却元件和极低温固态冷却装置
低碳水泥使用	英国商业、能源和工业战略部	2021年3月17日，英国商业、能源和工业战略部发布《工业脱碳战略》，通过替代水泥和再制造支持产品创新，加速工业产业结构转型
	日本经济产业省	2020年12月25日，日本经济产业省发布《2050碳中和绿色增长战略》，确定日本到2050年实现碳中和目标，构建"零碳社会"，以此来促进日本经济的持续复苏，预计到2050年该战略每年将为日本带来190万亿日元的经济增长。该战略针对海上风电、氨气燃料、氢能等14个产业提出了具体的发展目标和重点发展任务，提出开发氢基化工技术
	日本新能源产业技术综合开发机构	2020年6月18日，日本新能源产业技术综合开发机构宣布投资16.5亿日元用以支持碳循环型水泥制造工艺技术开发。研究开发项目包括：①水泥窑尾气 CO_2 分离/回收试点示范；②资源再循环利用（通过回收水泥废料如废弃混凝土、预拌混凝土污泥等，减少 CO_2 排放）和固定 CO_2 的水泥制品研究
	欧盟委员会	2020年10月14日，欧盟委员会发布《化工产品可持续发展战略》，提出研究、开发和部署低碳与低环境影响的化学品和材料生产工艺，可再生氢、可持续生产的生物甲烷等燃料及数字化技术将发挥重要作用
	欧洲过程工业协会	2021年10月，欧洲过程工业协会发布了工业加工领域的《战略研究与创新议程》，其中提出水泥行业减排措施：①到2030年，水泥行业可以通过转向替代性生物能源和整合可再生能源，在一定程度上减少与燃料相关的直接排放量（41 Mt CO_2）。2030年后，水泥窑的电加热可作为生物能源的替代选项。在接近2050年时，电化学选项也将变得可用。②到2030年，碳捕集可用于减少剩余的工艺排放（61 Mt CO_2）。③到2030年可将废混凝土循环利用，以减少碳排放。④水泥行业正在开发新的水泥基材料，以取代熟料，从而减少工艺排放

续表

重大科技 与工程问题	国家/机构/ 组织	行动要点
可持续绿色化学品与材料	欧盟委员会	2020 年 10 月 14 日，欧盟委员会发布《化工产品可持续发展战略》，提出研究、开发和部署低碳与低环境影响的化学品和材料生产工艺，可再生氢、可持续生产的生物甲烷等燃料及数字化技术将发挥重要作用
	欧盟	2021 年 10 月 1 日，欧盟启动 $PyroCO_2$ 创新项目。该项目预算 4400 万欧元，为期 5 年，最终目标是建设和运营一个每年能够捕集 10 000t 工业二氧化碳的设施，并将其用于生产化学品。$PyroCO_2$ 将为碳捕集与利用建立一个创新平台，利用新的生物技术方法将工业二氧化碳转化为化合物，并进一步催化转化为增值化学品和日用品
	欧洲过程工业协会	2021 年 10 月，欧洲过程工业协会发布了工业加工领域的《战略研究与创新议程》。其中提出化工行业减排措施：①2030 年，天然气可被生物甲烷气替代，用于热处理；电力可通过热泵产生低温热能，取代燃气锅炉（2030 年减少 1 Mt CO_2）。新催化剂、工艺优化和数字化带来的能源效率改进可以进一步减少排放。②2030 年后，可利用绿氢替代灰氢。③到 2050 年，将 CO_2 和 CO 作为原料用于生产聚合物、化学品。④废物循环利用
	日本经济产业省	2020 年 12 月 25 日，日本经济产业省发布《2050 碳中和绿色增长战略》，提出在碳循环产业发展碳回收和资源化利用技术，到 2030 年实现 CO_2 回收制燃料的价格与传统燃料相当，到 2050 年实现 CO_2 制塑料与现有的塑料制品价格相同的目标。重点任务包括：发展将 CO_2 封存进混凝土技术；发展 CO_2 氧化还原制燃料技术，实现 2030 年 100 日元/L 目标；发展 CO_2 还原制备高价值化学品技术，到 2050 年实现与现有塑料相当的价格竞争力；研发先进高效低成本的 CO_2 分离和回收技术，到 2050 年实现大气中直接回收 CO_2 技术的商用
	日本政府	2020 年 1 月 21 日，日本政府颁布了《革新环境技术创新战略》，提出 CO_2 循环利用目标：①以到 2050 年 CO_2 分离捕集成本 1000 日元/tCO_2 为目标进行技术开发，推动燃烧后固体吸收材料和燃烧前分离膜技术研究。②CO_2 循环利用，发展生物燃料、合成燃料、化学品、低成本甲烷技术、以 CO_2 为原料的水泥生产工艺

重大科技 与工程问题	国家/机构/ 组织	行动要点
可持续绿色 化学品与 材料	日本政府	2019 年 6 月，日本政府制定了《碳循环利用技术路线图》，设定了碳循环利用技术的发展路径，并于 2021 年 7 月进行了修订，以加快 CCUS 技术战略部署的脚步。技术路线图将 CO_2 利用的主要领域之一定位于化学品方向，包括：聚碳酸酯、聚氨酯等含氧化合物，生物质衍生化学品，烯烃、苯、甲苯、二甲苯等化工原料

附表 4　碳捕集、利用与封存（CCUS）

重大科技 与工程问题	国家/机构/ 组织	政策行动部署	行动要点
碳捕集、利用与封存（CCUS）	国际能源署（IEA）	CCUS 在低碳发电系统中的作用	CCUS 技术是化石燃料电厂降低碳排放的关键解决方案，在推进电力系统低碳转型、实现全球气候目标方面发挥着重要作用。如果不采用 CCUS 技术，要实现全球气候目标可能需要关闭所有化石燃料电厂。然而，当前 CCUS 在发电领域的发展并未达到预期，报告提出了电力部门发展 CCUS 的政策建议
	全球碳捕集与封存研究院（GCCSI）	循环碳经济中的 CCS：政策和监管建议	总结了对 CCS 项目可投资性产生重大影响的法律和政策因素，并就促进私营部门对 CCS 的投资提出了建议
	美国	迎接双重挑战：碳捕集、利用与封存规模化部署路线图	2019 年 12 月，美国国家石油委员会（NPC）提出了在 25 年内实现大规模部署 CCUS 技术的发展路线，以及未来 10 年的研发资助建议
		碳捕集、利用与封存研发与示范计划	研发重点包括：碳捕集方面，专注于先进的溶剂、固体吸附剂、膜、混合系统和其他创新技术（如低温捕集系统）；碳利用方面，推动新的矿化、生物、物理和化学途径的研发；碳封存方面，提高对 CO_2 注入、流体流动和压力运移及各种地质地层中的地球化学影响的理解。2020 年 4 月，资助 1.31 亿美元支持先进碳捕集、利用与封存技术研发，旨在研发高性能、低成本的工业碳源捕集技术。2021 年 4 月，宣布投入 7500 万美元推进天然气发电和工业部门变革性碳捕集研发

重大科技与工程问题	国家/机构/组织	政策行动部署	行动要点
碳捕集、利用与封存（CCUS）	欧盟	"地平线欧洲"2021～2022年主要工作计划	在碳捕集、利用与封存领域，2021年和2022年分别提供3200万欧元和5800万欧元的资金资助，拟资助主题包括：将CCUS集成至工业枢纽或集群；通过新技术或改进技术降低碳捕集成本；通过CCUS进行工业脱碳；直接空气碳捕集和转化
		PyroCO$_2$创新项目	2021年10月启动，欧盟预算4400万欧元，为期5年，最终目标是建设和运营一个每年能够捕集10 000t工业二氧化碳的设施，并将其用于生产化学品
	英国	绿色工业革命十点计划	提出了CCUS领域的目标：到21世纪20年代中期将有2个CCUS工业集群运行，到2030年再增加2个集群
		"工业脱碳挑战"计划	2021年3月，英国研究与创新署宣布在"工业战略挑战基金"支持下，向9个项目投入1.71亿英镑，旨在通过技术开发与部署，使至少一个英国工业集群到2030年实现大幅减排，并验证各项目所在地到2040年实现碳净零排放的可能性，以支持英国到2050年实现碳中和。此次资助包括3个海上CCUS项目及6个陆上碳捕集或氢燃料转换项目，将在英国最大的工业集群中进行部署和推广
		战略重点基金（SPF）	2021年5月，英国研究与创新署宣布资助3000万英镑开展大气中去除二氧化碳的研究示范，主题包括加速泥炭形成、增强岩石风化、生物炭、可持续树景示范和决策工具、多年生生物质作物等
		燃烧后CO$_2$捕集的最佳可行技术指南	2021年7月，英国环境署发布，介绍了相关技术的应用场景、使用条件、如何与热电联产设备整合、热电联产的设计与运行、设备的冷却与排水等技术规范，以及此技术对气候变化风险的适应性等内容

重大科技 与工程问题	国家/机构/ 组织	政策行动部署	行动要点
碳捕集、利用与封存（CCUS）	日本	碳循环利用技术路线图	2019 年 6 月制定，2021 年 7 月修订，将 CO_2 利用的主要领域定位于以下 4 个方向：化学品；燃料；矿物；其他负排放技术，如生物能源 + CCS（BECCS）、海洋蓝碳固定 CO_2 技术，直接空气捕集技术（DAC）等
		2050 碳中和绿色增长战略	在碳循环产业提出发展碳回收和资源化利用技术，到 2030 年实现 CO_2 回收制燃料的价格与传统燃料相当，到 2050 年实现 CO_2 制塑料与现有的塑料制品价格相同的目标。重点任务包括：发展将 CO_2 封存进混凝土技术；发展 CO_2 氧化还原制燃料技术，实现 2030 年 100 日元/L 的目标；发展 CO_2 还原制备高价值化学品技术，到 2050 年实现与现有塑料相当的价格竞争力；研发先进高效低成本的 CO_2 分离和回收技术，到 2050 年实现大气中直接回收 CO_2 技术的商用
		日本新能源产业技术综合开发机构技术研发资助计划	主要通过碳捕集和下一代火力发电等技术开发计划（2016～2025 年）、CCUS 研发/示范相关计划（2018～2026 年）促进 CCUS 技术研发

附表 5　生态增汇固碳

重大科技 与工程问题	国家/机构/ 组织	行动部署/认识
基于自然的解决方案（NbS）	欧盟	《欧盟 2030 年森林新战略》
	联合国环境规划署（UNEP）和联合国粮食及农业组织（FAO）	《生态系统恢复手册：治愈地球的实用指南》
	世界可持续发展工商理事会	《森林可持续发展目标路线图实施报告》
	英国环境、食品和农村事务部等	8000 万英镑绿色恢复挑战基金将为 90 个创新项目提供资助

重大科技 与工程问题	国家/机构/ 组织	行动部署/认识
基于自然的解 决方案（NbS）	加拿大环境与气候变化部	投资 2500 万加元，用于保护、恢复与治理大草原 （Prairies）地区的湿地与草原
	英国与美国自然保护机构	投入大额资金支持生态保护与恢复项目
	英国研究与创新署	资助 1050 万英镑支持 6 个研究团队开发新的工具和 方法，帮助树木和林地适应气候变化
	加拿大政府	启动自然智能气候解决方案基金
蓝碳科学	澳大利亚	提供 1 亿澳元的投资，用于海洋栖息地与沿海环境管 理，并推动全球减排任务的实施
	南澳大利亚地区政府	宣布为恢复沿海湿地、提升南澳大利亚地区蓝碳封 存能力和蓝碳知识提供近 200 万澳元的投资
	英国埃克塞特大学	大多数海洋模型低估了海洋的碳吸收水平
	环境正义基金会	《蓝色跳动之心：应对气候危机的蓝碳解决方案》的 报告，指出政策制定者在很大程度上忽视了存储在 红树林和海草等海洋生态系统中的碳
	英国交通部	《海事 2050 战略》详细阐述到 2050 年实现零排放航 运的愿景
	英国交通部	英国交通部发布《清洁海事计划》，阐述了英国政府 向零排放航运转型的雄心
地球两极碳汇 和碳源的角色	美国国家科学基金会	南极地区季节性海冰和冰架流失及冰川退缩等对蓝 碳的收益量影响显著
		陆海交界附近的永久冻土地下水中溶解的有机碳和 氮的浓度比河流高出两个数量级

附表6　低碳社会转型

重大科技与工程问题	国家/机构/组织	行动要点
低碳交通	日本	发布《环境创新战略》，提出绿色交通方式的重点技术。发布《2050碳中和绿色增长战略》，提出：①在汽车和蓄电池产业方面，推进电化学电池、燃料电池和电驱动系统技术等领域的研发；②在船舶产业方面，促进氢燃料电池系统和电推进系统的研发与普及；③在航空产业方面，开发先进的轻量化材料；开展混合动力飞机和纯电动飞机的技术研发、示范与部署；研发先进低成本、低排放的生物喷气燃料
	美国	《清洁能源革命和环境正义计划》：加速电动汽车发展，加速交通领域清洁燃料动力转型，研制新的航空可持续燃料
		加强在清洁汽车领域的领导地位，到2030年电动汽车、氢燃料电池汽车和插电式混合动力汽车销量达50%
		1.62亿美元支持推进汽车和卡车脱碳相关技术研发；6470万美元助力飞机和船舶等重型运输部门脱碳
	英国	分别资助8400万英镑和9170万英镑用于绿色航空革命技术研发和低碳汽车技术研发。英国交通部发布《交通脱碳计划》，制定所有交通方式脱碳的目标、路径及技术路线图
	欧盟	对交通系统和基础设施进行数字化与智能化改造，到2030年零排放汽车保有量至少达3000万辆，到2035年零排放大型飞机实现商业化，到2050年在途车辆实现零排放；加快可再生和低碳燃料基础设施建设，到2030年安装300万个电动汽车公共充电端口和1000个加氢站
		重点资助零排放道路交通、航空、水上运输、交通环境影响、交叉创新及安全、弹性的运输和智能交通服务等
绿色建筑	日本经济产业省	发布《2050碳中和绿色增长战略》，在下一代住宅、商业建筑方面，实现对住宅和商业建筑用能的智慧化管理，开发先进的节能建筑材料，加快下一代太阳能电池技术研发、示范和部署
	英国	发布《供热和建筑战略》，将提供14.25亿英镑用于公共部门脱碳计划；资助1460万英镑用于供暖和制冷脱碳技术研发
	美国能源部	资助8260万美元用于开发新的节能建筑技术和示范；资助6100万美元用于10个试点项目，部署先进节能建筑新技术；利用智能技术与分布式能源、节能建筑的结合，减少建筑部门碳足迹

重大科技 与工程问题	国家/机构/ 组织	行动要点
数字化	日本	发布《环境创新战略》，提出加快大数据、人工智能、去中心化管理相关技术在社会中的应用（智慧城市）。发布《2050 碳中和绿色增长战略》，提出利用数字化技术发展共享交通（如共享汽车）。公布《第 6 期科技创新基本计划》，注重以数字技术推动产业"数字化转型"，建设脱碳社会，加强 5G、超级计算机、量子技术等重点领域的研发